Die Ursache der Immunität,

die

Heilung von Infectionskrankheiten

speciell des

Rothlaufs der Schweine

und

ein neues Schutzimpfungsverfahren gegen diese Krankheit.

Von

Prof. Dr. **Rud. Emmerich** und Dr. **Otto Mastbaum.**

Mit 1 Tafel.

————— ✦✦✦ —————

MÜNCHEN 1891.

Druck und Verlag von R. Oldenbourg.

I. Die Ursache der Immunität[1].

Schon vor fünf Jahren (1886) habe ich darauf aufmerksam gemacht, dass wir durch die Erforschung der Ursache der Immunität zu rationellen und sicher wirkenden Heilmitteln für Infectionskrankheiten gelangen können.

Nachdem ich gezeigt hatte, dass die Ursache der Immunität in einer Modification der cellularchemischen Processe besteht, infolge deren im immunisirten Organismus chemische Verbindungen gebildet werden, die als Bacteriengifte wirken, während dieselben für die Körperzellen selbst unschädlich sind, sagte ich: »Es ist eine wichtige Aufgabe der Forschung, diese chemischen Substanzen, welche die Immunität bedingen, zu ermitteln und es wird dies um so eher gelingen, als wir ja bereits Anhaltspunkte darüber besitzen, in welcher Gruppe von Verbindungen dieselben zu suchen sind. Das ist zugleich die Richtung, in der wir vorgehen müssen, um zu einer Heilmethode der betreffenden Infectionskrankheiten zu gelangen; denn wir können die Verbindungen, welche, wie ich gezeigt habe, im Körper des immunen Thieres in ein paar Stunden Millionen der specifischen Infectionserreger vernichten, auch nach dem Ausbruche der

---

1) Dieser erste Theil der Abhandlung ist von Prof. Emmerich allein bearbeitet und verfasst.

Krankheit in den Organismus einführen, um dieselben zu coupiren und zu heilen[1].«

Die von mir begründete Lehre, nach welcher im immunisirten Thierkörper die in denselben eingeführten pathogenen Bacterien (speciell Milzbrand - und Schweinerothlauf - Bacillen) durch ein, infolge der Modification der cellularchemischen Function gebildetes, antibacterielles Gift in wenigen Stunden vernichtet werden, hat einerseits eine heftige Opposition hervorgerufen, während sie von anderen Forschern anerkannt und bestätigt wurde. Namentlich war es Metchnikoff[2]), welcher dieselbe entschieden bekämpfte. Er hatte allerdings allen Grund dazu. Hatte ich doch offen ausgesprochen, dass bei der kurzen Zeit, innerhalb welcher der Untergang der Infectionserreger im immunisirten Thierkörper erfolgt, die an und für sich blos hypothetische Fressthätigkeit der Phagocyten nicht als Ursache dieser Vernichtung der pathogenen Bacterien in Betracht kommen könne.

Metchnikoff hat meine Versuche über die Zeit, innerhalb welcher die Vernichtung der Rothlaufbacillen im immunen Thierkörper erfolgt, controlirt und ist zu ganz entgegengesetzten Resultaten gelangt. Ich hatte behauptet, dass die Rothlaufbacillen innerhalb acht, sechs ja sogar schon nach einer Stunde und in einem Falle schon 15 Minuten nach der Injection in dem immunisirten Thierkörper vernichtet sind. Ein ganz anderes Resultat erhielt Metchnikoff. Er fand, dass die unter die Haut refractärer Kaninchen injicirten Rothlaufbacillen bei 20 von 28 Versuchen innerhalb eines Zeitraumes von 1½ Stunden bis zu 4 Tagen lebend geblieben waren. Sogar nach 4 Tagen fand also Metchnikoff die Bacillen noch lebend und in virulentem Zustande im immunisirten Thierkörper, während ich nachgewiesen habe, dass dieselben niemals länger als höchstens 8 Stunden im refractären Kaninchen lebend nachgewiesen werden können.

----

1) Emmerich und di Mattei, Vernichtung von Milzbrandbacillen im Organismus. Fortschritte der Medicin. 1887. Bd. 5. S. 663.

2) Études sur l'immunité. Annales de l'institut Pasteur. 1889. Bd. 3. S. 289.

Darin wird Uebereinstimmung herrschen, dass hier auf der einen oder auf der anderen Seite grobe Versuchsfehler vorliegen müssen. Auf andere Weise sind diese so sehr differirenden Resultate nicht erklärbar.

Ich hatte allerdings bei meinen Versuchen, wie ich eigens bemerkte, keine vollvirulenten Culturen von Rothlaufbacillen verwendet, sondern solche, welche gerade im Laboratorium vorhanden waren und die erst bei Injection der ziemlich grossen Menge von 3 ccm Kaninchen binnen 5 bis 6 Tagen sicher tödteten.

Auf die heftigen Angriffe und die schweren Vorwürfe Metchnikoffs hin, habe ich aber diese Versuche wiederholt, und ich bin dabei mit der grössten Vorsicht zu Werke gegangen.

Ich verwendete bei diesen Versuchen nur vollvirulente Culturen, welche höchstens einen Monat hindurch fortgezüchtet wurden. Nach diesem Zeitraum wurden diese Culturen durch frische ersetzt, die kurz vorher aus den Organen von wegen hochgradiger Rothlauferkrankung nothgeschlachteten Schweinen gewonnen waren. Einige Tropfen der fünfundzwanzigfachen Verdünnung einer Bouilloncultur genügten bei intravenöser Injection, um grosse und kräftige Kaninchen binnen 3 bis 4 Tagen zu tödten.

Bei subcutaner Injection bewirkten erst 2 bis 3 ccm unverdünnter Bouilloncultur bei Kaninchen eine in wenigen Tagen (3 bis 6) tödtlich verlaufende Krankheit.

Zur Immunisirung der Kaninchen wendete ich die folgende Methode an. In die frei präparirte Ohrvene (vena auricularis posterior) des Kaninchens werden 0,2 bis 0,3 ccm einer mit der fünfzigfachen Menge Wassers verdünnten vollvirulenten Bouilloncultur von Rothlaufbacillen injicirt. Das Thier macht nun eine schwere Erkrankung durch, die Körpertemperatur steigt auf 40 bis 41° C. Nach 6 bis 8 Tagen geht die Krankheit in Genesung über und nach 14 Tagen hat das Thier das frühere Körpergewicht wieder erreicht. Durch das Ueberstehen der Krankheit ist das Thier immun geworden. Damit nun die Immunität sicher eine vollständige ist, werden in Intervallen von mehreren Tagen

nochmals 4 bis 5 subcutane und intravenöse Injectionen vollvirulenter Bouilloncultur von Rothlaufbacillen gemacht. Zunächst
werden 2 ccm Bouilloncultur subcutan, nach 3 Tagen 4 ccm intravenös, nach weiteren 3 Tagen 10 ccm subcutan, nach abermals 3 Tagen 20 ccm und schliesslich sogar 30 ccm Bouilloncultur unter die Haut gespritzt. Jetzt erst, d. h. einige Tage
nach dieser letzten Injection einer ganz enormen Menge von vollvirulenten Rothlaufbacillen, wird der Versuch über die Lebensdauer der Rothlaufbacillen im immunen Thierkörper ausgeführt.
Zu diesem Zwecke wurden bei 12 in der erwähnten Weise immunisirten Kaninchen je 1½ bis 6 ccm Bouilloncultur von Rothlaufbacillen subcutan oder intravenös injicirt und die Thiere 4,
5, 6, 7, 8, 10, 12 und mehr Stunden nach dieser Injection getödtet. Bei der sofort nach der Tödtung ausgeführten Section,
wurden Proben von subcutanem Gewebe aus der Umgebung der
Injectionsstelle, ferner Proben von Herzblut, Lungen, Leber, Milz,
Niere und von Lymphdrüsen sowohl zu Gelatineplatten
verarbeitet, als auch zur Uebertragung in Bouillon
(mit 1% Pepton und 0,5% Kochsalz) verwendet.
　　Das Resultat dieser Versuche ist nebenstehend verzeichnet.
　　Durch diese Versuche wird also die von Prof. di Mattei
und Emmerich in einer gemeinsamen Arbeit schon früher fest-
gestellte Thatsache bestätigt, dass auf die in dem immunisirten
Thierkörper injicirten Rothlaufbacillen ein von dem ersteren er-
zeugtes chemisches Gift einwirkt, welches, überall im Körper vorhanden, die Lebensfähigkeit der Rothlaufbacillen abschwächt und
dieselben in längstens 8 Stunden tödtet.
　　Damit sind Metchnikoffs Einwände gegen unsere Versuche widerlegt. Wir könnten uns damit begnügen und Gleiches
mit Gleichem vergeltend sagen, dass nicht wir, Prof. di Mattei
Dr. Mastbaum und ich, sondern dass Metchnikoff »un-
exact« gearbeitet hat. Wir thuen es nicht, wir lassen dem Manne,
der so anregend auf dem Gebiete der Immunitätslehre gewirkt
hat, volle Gerechtigkeit wiederfahren, indem wir die Frage stellen:
»Worin sind die so grossen Verschiedenheiten zwischen den Ver-
suchsresultaten Metchnikoffs und den unseren begründet?«

Kaninchen	Injections-modus	Menge der injicirten Bouillon-cultur	Getödtet nach der Injection	Zahl der Colonien auf Gelatineplatten	Zahl der Bouillonproben		Organe, aus denen sich Bacillen entwickelten	Bemerkungen
					ohne Ent-wickelung (steril)	mit Ent-wickelung von Roth-laufbacillen		
Nr.		ccm	Stdn.					
1	intravenös	2	8	0	23	0		
2	»	1½	8	0	25	0		
3	subcutan	5	5	—	20	2	Subcutanes Ge-webe der In-jectionsstelle	Entwickelung erst vom 4. Tag ab zu bemerken
4	intravenös	2	10	0	22	0		
5	»	2	8	0	15	0		
6	»	2	12	—	18	0		
7	»	1½	7	0	25	1	Eines von drei Leberstück-chen	Entwickelung erst nach 36 Stunden zu bemerken
8	»	2	7	2	—	—	Zwei Colonien auf einer Le-berplatte	Drei andere Platten mit Leberstückch. blieben steril
9	subcutan	6	6	0[1]				[1] Auf fünf Platten von Gewebe der Injectionsstelle u. Blut keine Colonie
9	»	6	48	0	20	0		
10	»	6	3	4		5	Aus subcutan. Gewebe der Injections-stelle	Alle Platten von Blut u. Organen steril
11	»	4	16	0	20	0		
12	»	4	16	0	18	0		

Zunächst fällt ein prinzipieller Unterschied beim Immunisirungsverfahren auf. Während Prof. di Mattei und ich zur Immunisirung der Kaninchen geringe Culturmengen von der gleichen Virulenz anwendeten, welche die zum Versuche über den Untergang der Rothlaufbacillen im Körper benützten Culturen besassen, bediente sich Metchnikoff behufs Immunisirung, der abgeschwächten Culturen von Pasteur und Thuillier. Er injicirte zweimal das premier vaccin und darauf zweimal das second vaccin contre le rouget. Später machte er nur noch eine einzige Probeinjection mit dem virulenten Gift, ehe er die definitiven Versuche ausführte.

Es ist nun a priori klar, dass, wenn man zur Schutzimpfung abgeschwächte Culturen anwendet, die Heftigkeit der die Immunisirung bewirkenden Krankheit eine viel geringere sein wird, als wenn man gleich anfangs möglichst grosse Mengen voll. virulenter Culturen oder wenigstens solche von gleicher Virulenz wie die zum entscheidenden Versuch verwendeten, benützt.

In letzterem Fall wird entsprechend der Schwere der Krankheit auch die Immunisirung eine vollständigere sein. Da nämlich die natürliche Immunität und Disposition stets nur eine relative, d. h. bald eine complete, bald eine theilweise ist, so sind wir berechtigt anzunehmen, dass das Gleiche bei der, voraussichtlich durch die nämlichen Ursachen bedingten, künstlichen Immunität der Fall sein wird.

Eine zweite, ebenfalls ganz wesentliche Abweichung, hat sich Metchnikoff in Bezug auf die Art der Schutzimpfung unserem Verfahren gegenüber gestattet.

Während wir es für ein wesentliches Erfordernis bezeichneten, die Immunisirung durch intravenöse, nicht durch subcutane Injection zu bewerkstelligen, injicirte Metchnikoff seine beiden vaccins bald intravenös, bald subcutan.

Da Metchnikoff nicht angibt, bei welchen Versuchen er intravenös und bei welchen er subcutan injicirte, so ist es sehr gut möglich, dass seine in unserem Sinne positiv ausgefallenen Versuche auf die intravenöse und die negativ ausgefallenen auf die subcutane Immunisirungsmethode entfallen. Metchnikoff erhielt nämlich bei 15 Versuchen viermal ein in seinem Sinne negatives Resultat, d. h. im Gewebssaft, welcher an der geimpften Stelle 7 Stunden, 17, 19 und 26 Stunden nach der Impfung entnommen wurde, konnten keine entwickelungsfähigen Bacillen nachgewiesen werden, während aus Gewebssaft, welcher 1, 2, 4, 5, 6, 7, 19, 20, 24 Stunden und 4 Tage nach der Infection entnommen wurde, Rothlaufbacillen sich entwickelten.

Es ist eo ipso einleuchtend und kaum zweifelhaft, dass durch die intravenöse Injection eine viel vollständigere Immunisirung erzielt werden muss, als bei subcutaner[1]).

---

1) Man darf nämlich bei unserer unvollständigen Kenntnis des Mechanismus und Chemismus der Immunität die Annahme nicht von der Hand weisen, dass möglicherweise nur solche Zellcomplexe Immunität erlangen, welche in directer Berührung mit den betreffenden pathogenen Bacterien waren,

Bei der intravenösen Injection kommen die Bacillen mit allen Zellcomplexen in Berührung, welche mit Gefässen versehen sind und Gefässe sind überall im Körper, so dass bei intravenöser Schutzimpfung kein Gewebsdistrikt den nothwendigen Reiz, welcher zur Immunisirung führt, entzogen wird. Ganz anders verhält sich die Sache bei der subcutanen Injection, bei welcher die Verbreitung der Bacillen niemals so allgemein alle Zellcomplexe trifft, sondern stets eine unbestimmbare, mehr oder weniger lokale oder allgemeine ist.

Nicht nur bei der Immunisirungsmethode, auch bei Ausführung des entscheidenden Versuches, hat sich Metchnikoff Abweichungen von unserem Verfahren gestattet, welche auf das Resultat der Versuche von grossem Einfluss sein müssen.

So oft wir beim definitiven Versuch die subcutane Injection anwendeten, haben wir stets in das lockere subcutane Bindegewebe der seitlichen Rückenhaut injicirt. Die injicirte Bouilloncultur vertheilt sich hier sofort, ohne eine nachweisbare Störung des intercellulären Saftstroms zu verursachen, dessen ungestörte Circulation geradezu eine Grundbedingung ist, wenn man entscheiden will, ob gelöste chemische Stoffe oder die automatischen Attaquen der weissen Blutkörperchen die Ursache des Untergangs der Rothlaufbacillen sind.

Warum hat Metchnikoff, der unsere Versuche einer Nachprüfung unterziehen wollte, nicht die gleiche Stelle der Haut bei der subcutanen Injection gewählt? Es lag gar kein Grund vor, von unserem Verfahren abzuweichen. Gleichwohl machte Metchnikoff die Injectionen in das straffe subcutane Bindegewebe des Ohres. Man braucht nur einmal beobachtet zu haben, wie sich die Haut des Ohres bei Injection von 1 bis 2 ccm Bouilloncultur, zu nussgrossen Wülsten aufbläht, die sehr langsam verschwinden und fast stets abnorme, ecchymosirte, blutig infundirte oder sogar gangränescirende Stellen zurücklassen, um die Ueberzeugung zu gewinnen, dass durch diese Art der Injection Circulationsstörungen entstehen müssen, welche der Durchspülung des subcutanen Gewebes mit Intercellulärflüssigkeit in hohem Grade hinderlich sind. Infolge davon muss aber die

Einwirkung des im Saftstrom circulirenden Bakteriengiftes auf die injicirten Rothlaufbacillen ebenfalls beeinträchtigt sein.

Man könnte denken, dass durch diese principiellen Abweichungen und Veränderungen, welche sich Metchnikoff bei der Wiederholung unserer Versuche erlaubte, auch die Gegensätze der beiderseitigen, sich diametral gegenüberstehenden Versuchsresultate erklärt seien. Dem ist aber nicht so.

Metchnikoff behauptet, dass er noch 19, 20, 24 Stunden und sogar noch nach 4 Tagen die Rothlaufbacillen im immunen Thierkörper entwickelungsfähig gefunden habe. Dieses Resultat kann nur in groben Versuchsfehlern begründet sein, oder wie sich Metchnikoff auszudrücken pflegt, in unexacten Arbeiten.

Wir halten es für sehr wesentlich und als unerlässlich, dass man das immunisirte Thier nach Ausführung des definitiven Versuches tödtet, damit man das Gewebe von der Injectionsstelle, sowie Blut und Organstückchen mit allen Cautelen in vorwurfsfreier Weise entnehmen kann.

Bei unserer letzten Versuchsreihe, welche wir auf Metchnikoffs Angriffe hin ausgeführt haben, ist dies bei jedem Versuch geschehen, d. h. das Thier wurde 5, 6, 8 oder 10 und 12 Stunden nach der Injection von Rothlaufbacillen getödtet, die Injectionsstelle mit Sublimatlösung desinficirt, mit Alkohol und grossen Mengen sterilisirten Wassers gut abgespült und die Entnahme der Gewebspartikel mit aller Vorsicht ausgeführt.

Ganz anders verfuhr Metchnikoff[1]). Er sagt: »Nach einem Zeitraum, der nur einmal 1½ Stunden, meistens aber 4, 6, 12, 19, 24 Stunden und darüber betrug bis zu 6 Tagen, nach der Einführung des Virus unter verschiedene Hautstellen (der Ohren, Beine, des Rückens und Kopfes) der immunisirten Kaninchen, machte ich einen kleinen Stich in die geimpfte Stelle und entnahm mit Hilfe einer ausgezogenen Glasröhre, einige Tropfen Flüssigkeit. Diese war manchmal ganz durchsichtig, meistens aber durch Blut röthlich gefärbt und bestand in mehreren Fällen fast nur aus reinem Blut.«

---

1) a. a. O. S. 293.

Bei der subcutanen Injection werden leicht und sehr häufig kleinere oder grössere Gefässe angestochen, und es tritt dann mehr oder weniger Blut aus den verletzten Gefässen. Die im Unterhautzellgewebe liegenden Blutcoagula können grosse Mengen der injicirten Rothlaufbacillen einschliessen und dieselben hierdurch dem deletären Contact mit den Körperzellen und dem circulirenden intercellulären Saftstrom entziehen.

Dass derartige störende Zufälle, welche den ganzen Versuch illusorisch machen, bei Metchnikoffs Untersuchungsverfahren vorgekommen sind, das geht aus der Bemerkung hervor, dass die aus dem subcutanen Gewebe entnommene Flüssigkeit meistens durch Blut röthlich gefärbt war und in mehreren Fällen fast nur aus reinem Blute bestand.

Da derartige zu grossen Fehlern und Täuschungen führende Vorkommnisse (Einschliessung der Bacillen in Blutcoagulis) unbedingt vermieden werden müssen, so sind nur solche Versuche für die Frage über die Lebensdauer der Rothlaufbacillen im immunisirten Thierkörper von entscheidender Bedeutung, bei welchen die Bacillen intravenös injicirt wurden.

Auch hiebei darf man die Thatsache nicht ausser Acht lassen, dass auch nach intravenöser Injection Ecchymosen und Hämorrhagien in einzelnen Gewebsdistricten mehr oder weniger zahlreich sind.

Sehr instructiv sind in dieser Beziehung die Versuche Nr. 3 und 7, sowie ganz besonders Versuch Nr. 8. Dieselben zeigen zugleich, welchen Täuschungen man ausgesetzt ist, wenn man das Organgewebe, Blut etc. nur in Bouillonproben nicht aber auch auf Gelatineplatten zur Aussaat bringt.

Bei Versuch Nr. 8 hatten sich auf den mit Herzblut, Milz und Niere besäeten Gelatineplatten keine Rothlaufbacillen entwickelt. Auch zwei mit Leberstückchen besäete Platten waren steril geblieben, nur auf einer Gelatineplatte, auf welcher ein erbsengrosses Leberstückchen zerquetscht und vertheilt worden war, hatten sich zwei vereinzelte Rothlaufbacillen-Colonien entwickelt.

In Versuch Nr. 3 hatten sich von 20 Bouillonproben, die mit verschiedenen Organgeweben beschickt waren, nur zwei durch Entwickelung von Rothlaufbacillen getrübt. In diesen beiden Proben waren markstückgrosse Partikel von subcutanem Gewebe der Injectionsstelle, in welchem zahlreiche kleine Blutaustritte (Blutcoagula) wahrzunehmen waren, ausgesäet worden.

In Versuch Nr. 7 zeigte eine von 3 Bouillonproben, welche mit Leberstückchen beschickt waren, Entwickelung von Rothlaufbacillen.

Bei intravenöser Injection, wie sie bei Versuch 7 und 8 angewendet wurde, werden die Rothlaufbacillen gleichmässig in allen Organen vertheilt. Wenn nun in diesem Falle (Versuch 8) von 25 mit Organstückchen besäeten Bouillonproben 24 klar und frei von Bacillen-Entwickelung bleiben, so ist klar, dass die Bacillen-Entwickelung, welche in einer einzigen Probe von 25 eintrat, obgleich dieselbe in gleicher Weise mit Organstückchen, wie die 24 anderen, beschickt wurde, auf einem zufälligen, vereinzelt vorkommenden Ereignis beruht.

Es ist nun, wie schon erwähnt, eine bekannte Thatsache, dass bei allen Infectionskrankheiten, welche das Bild der Septicämie zeigen, sehr häufig, ja sogar regelmässig, kleinere und grössere Hämorrhagien in den Schleimhäuten, den Organen etc. vorkommen. Ein solcher, wenn auch noch so kleiner Blutaustritt in das Organgewebe, stellt einen todten Körper dar, und wenn das Blutcoagulum, wie es oft vorkommen wird, Bacillen einschliesst, so kann die das Bacteriengift enthaltende intercelluläre Flüssigkeit auf die im Innern des Coagulums liegenden Bacillen keinen Einfluss ausüben, die Bacillen bleiben wenigstens längere Zeit lebend, während alle anderen, in der Zahl von vielen Tausenden im Blut und in den Zwischenzellenräumen verbreiteten Bacillen in kurzer Zeit getödtet werden.

Versuch 8 zeigt, dass in einem solchen Falle ein oder zwei Bacillen, die einzigen, welche von vielen Tausenden oder Millionen in den Thierkörper eingeführten, am Leben geblieben waren, ein positives Versuchsresultat im Sinne Metchnikoffs bedingen, resp. vortäuschen können. Denn der innerhalb 7 Stunden erfolgte

Untergang der Mehrzahl der Bacillen beweist, dass unsere Aufstellungen richtig sind[1]).

Bei der subcutanen Application sind auch noch andere Fehler
fast unvermeidlich: bei der Entnahme von Gewebssaft aus der
Haut kann ein einziges Härchen, welches an der unter die Haut
geführten Glasröhre hängen bleibt, und welches bei der subcutanen Injection mit der bacillenhaltigen Bouillon benetzt wurde,
statt eines negativen ein positives, falsches Resultat bedingen.
Auch von den Wundrändern etc. können Rothlaufbacillen, auf
welche das antibacterielle Gift des immunisirten Thierkörpers
nicht eingewirkt hat, in die Bouillon übertragen werden.

Metchnikoff hat nun merkwürdigerweise keinen einzigen
Versuch mit intravenöser Injection ausgeführt und ist infolge
davon zu ganz unrichtigen Anschauungen über die Vernichtung
der Rothlaufbacillen im immunisirten Thierkörper gelangt.

Auf Grund der zahlreichen Versuche mit intravenöser Injection, welche wir ausgeführt haben, können wir es als eine
unumstössliche Thatsache bezeichnen, dass die Rothlaufbacillen in 8 oder höchstens 10 Stunden vom immunisirten Thierkörper vernichtet sind, selbst wenn viele
Millionen derselben in den Blutstrom eingeführt wurden.

Dass sich dies so verhält, das hätte man allein schon aus
der Temperaturcurve entnehmen können, welche man erhält,
wenn man bei immunisirten Kaninchen nach der subcutanen
oder intravenösen Injection von Rothlaufbacillen die Körpertemperatur von Stunde zu Stunde oder wenigstens in mehr-
stündigen Intervallen feststellt.

In der folgenden Tabelle (s. S. 286) ist für einige immunisirte
Kaninchen die Körpertemperatur angegeben, welche 1, 3, 6, 12
und 24 Stunden nach der letzten Infection gemessen wurde.

Es ist unbestreitbar, dass das Fieber mit Einführung der
Rothlaufbacillen in den immunisirten Organismus beginnt. Es

---

1) Auch bei Versuch 10 waren von vielen Millionen subcutan injicirter
Bacillen nach 3 Stunden nur noch wenige lebend; denn auf Gelatineplatten
auf welchen markstückgrosse Partikel subcutanen Gewebes zerquetscht
wurden, entwickelten sich nur drei Colonien von Rothlaufbacillen.

Kaninchen	Zahl der Schutz-impfungen	Menge der zuletzt injicirten Bouillon-cultur	Körpertemperatur nach der letzten Impfung				
			1 Stunde	3 Stunden	6 Stunden	12 Stunden	24 Stunden
Nr.		ccm					
1	3	5	39,5	40,4	40,9	38,6	38,6
2	3	5	39,7	40,8	41,0	38,5	38,8
3	4	10	38,5	—	40,1	38,6	—
4	4	7	39,2	—	40,6	39,4	—
5	3	4½	39,6	—	41,4	39,4	—
6	4	12	39,7	40,8	41,0	39,9	39,5
7	4	3	39,5	40,5	39,8	39,1	—
8	4	1½	39,4	40,3	40,4	39,5	—
9	4	3	39,6	40,3	39,2	39,1	—
10	4	12	39,8	40,6	40,5	39,2	—
11	2	1½	39,4	40,1	39,3	39,2	—
12	5	20	39,7	40,9	41,3	40,5	39,8
13	5	8	39,2	40,3	39,9	39,5	39,5
14	3	8	39,1	40,6	40,8	39,8	39,4

vergeht nur eine kurze Zeit nach der Injection, während welcher
die Körpertemperatur auf normaler Höhe bleibt. Schon 3 Stunden
nach der Injection hat dieselbe eine beträchtliche Höhe (40,7° C.)
erreicht. Die in den Körper eindringenden Bacillen veranlassen
also sofort die Bildung jener Stoffwechselproducte, welche wahrscheinlich den Albuminatverbindungen entstammen, und die eine
erhöhte Spannung der automatischen Wärme- und Herzcentren,
automatischen Gefässnervencentren, sowie der Ganglien des Sen-
soriums und dadurch das Fieber bedingen. Nichts ist sicherer
als die Thatsache, dass das Fieber durch die Rothlaufbacillen
verursacht wird. Ganz ebenso zeigt das Aufhören des Fiebers,
der Rückgang der Körpertemperatur zur Norm an, dass die
Rothlaufbacillen im Körper vernichtet oder aus demselben
eliminirt sind. Dieser Moment des Temperaturabfalles zur
Norm tritt regelmässig in der 7. bis 10., gewöhnlich in der
8. Stunde nach der Injection der Rothlaufbacillen in den Thierkörper ein.

Die Thatsache, dass der Moment, in welchem das Fieber aufhört, den Sieg der Körperzellen über die Infectionserreger, oder den Untergang der letzteren documentirt, ist für alle Infectionskrankheiten allgemein anerkannt, und man hat ihn daher auch sehr bezeichnend »Krisis« genannt.

Bei solchen Krankheiten, bei welchen die Infectionserreger im Blute kreisen, ist diese Thatsache durch die Untersuchung direct erwiesen. Der Beginn des Fiebers bei Rückfalltyphus (Recurrens) fällt mit dem Auftreten der Spirillen im Blute und in den Organen zusammen, und mit dem Verschwinden der Spirillen hört auch das Fieber auf, und wenn die Spirochaeten wieder im Blute erscheinen, tritt auch der Fieberrückfall ein.

Nach diesen Thatsachen wird niemand mehr darüber im Zweifel sein, dass Metchnikoffs Versuchsresultate und Aufstellungen unrichtig sind und dass unsere Lehre, nach welcher der immunisirte Thierkörper die Rothlaufbacillen in der kurzen Zeit von 8 Stunden vernichtet, zu Recht besteht. Dabei ist es gleichgültig, ob man nur einige Tausend oder viele Millionen von Bacillen in den Organismus einführt, — bei completer Immunität sind sie in 8 Stunden vernichtet.

Ist es nun denkbar, dass diese vielen Millionen von Rothlaufbacillen in so kurzer Zeit durch die Phagocyten getödtet werden?

Zur Bewältigung der colossalen Menge von Bacillen, welche sich nach Injection von 15 bis 20 ccm Bouilloncultur im Körper befinden, wäre eine enorme Zahl von Phagocyten nöthig und es müsste dabei immer eine Massenemigration weisser Blutzellen aus den Gefässen stattfinden. Dass zu diesem Process längere Zeit nöthig ist, geht aus den Untersuchungen Conheims hervor. Diese Phagocytenschaaren müssten sich zudem grösstentheils wenigstens an der Injectionsstelle ansammeln, da die Hauptmasse der Bacillen im subcutanen Gewebe zu Grunde geht, ehe dieselben ins Blut eindringen. Die Unwahrscheinlichkeit einer derartigen Conjunctur liegt auf der Hand und sie wird durch die von Stunde zu Stunde ausgeführte mikroskopische Untersuchung des subcutanen Gewebes der Injectionsstelle zur Thatsache. Von einer Massenansammlung von Phagocyten ist nichts zu sehen. Im Gegentheil, man findet dieselben sehr vereinzelt an der Injectionsstelle und die Bacillen liegen in grosser Zahl frei im subcutanen Gewebe. Zelleneinschlüsse sind eine Seltenheit. Diese Thatsache gibt sogar Metchnikoff zu, insofern er sagt: »Die in kleiner Menge aus der geimpften Stelle entnommene Flüssigkeit, die auf Deckgläsern fixirt und nach verschiedenen Methoden gefärbt wurde, zeigte fast nie freie oder in Zellen liegende Bacillen.«

In diesem Befunde liegt ein schwerwiegender Einwand gegen die Bedeutung der Phagocytose beim Vernichtungsprozess der Bacillen. Metchnikoff scheint ihn aber zu unterschätzen, und damit er selbst Zelleinschlüsse von Rothlaufbacillen, deren Vorhandensein während des Vernichtungsprozesses ein nothwendiges Postulat ist, zu sehen bekommt, greift er zu jenen künstlichen Mitteln, welche, wie längst bekannt ist, Phagocytenansammlung und Einkapselung von Bacillen verursachen. Er bringt Systeme von je 4 Deckgläsern, die mit Siegellack verbunden und mit Bouilloncultur von Rothlaufbacillen durchnässt waren, unter die Haut der immunisirten Kaninchen. Nach 1 bis 2 Stunden wieder herausgenommen, zeigen diese mit Methylenblau oder nach Gram gefärbten Präparate schon vereinzelte Mikrophagen, welche Bacillen enthalten. Dass die Einführung von mit Bouilloncultur durchtränkter Watte oder von Glaskammern und anderen Fremdkörpern ein gutes Mittel ist, um bei Schweinerothlauf oder irgend welchen anderen bacillären Krankheiten die Phagocytose zu demonstriren, weiss jeder Bacteriologe. Ich benutze dieses Mittel stets zu Demonstrationszwecken beim bacteriologischen Unterricht. Irgend eine Bedeutung bei der Entscheidung der vorliegenden Streitfrage kommt demselben jedoch nicht zu.

Metchnikoff aber gibt ein ganzes Blatt voll Abbildungen dieser künstlich herbeigeführten und nichts beweisenden Phagocytose. Es hiesse leeres Stroh dreschen, wollte ich noch ein Wort hierüber verlieren.

Wenn man also bei der kurzen Dauer des Vernichtungsprocesses der Bacillen im Thierkörper in zahlreichen von Stunde zu Stunde entnommenen Proben von subcutanem Gewebe der Injectionsstelle und von Blut Zelleinschlüsse nicht aufzufinden

vermag, dann kann die Phagocytose bei diesem Vorgange keine
Rolle spielen. Man müsste ja, wenn dies der Fall wäre, grosse
Massen von Phagocyten, welche mit mehr oder weniger Bacillen
erfüllt sind, in irgend einer Zeit während des in 8 Stunden sich
vollziehenden Vernichtungsprocesses zu Gesicht bekommen.

Man sieht aber nichts davon. Im nicht immunisirten Kaninchen sind dagegen nach der subcutanen Injection von Rothlaufbacillen in Phagocyten incorporirte Bacillen sehr häufig, gewöhnlich sogar massenhaft vorhanden und in jedem Deckglaspräparat
von Blut und Organsaft zu sehen. Gerade beim immunisirten
Kaninchen aber fehlt die Naturerscheinung, welche die Immunität
bedingen soll, oder sie ist wenigstens seltener zu sehen und doch
soll in ihrem vermehrten Auftreten die Immunität beruhen. Die
einzig richtige Folgerung, die man aus diesen Beobachtungsthat-
sachen ziehen muss, ist die, dass allerdings Phagocytose und
Immunität sowie Disposition in einem ursächlichen Verhältnis
stehen, derart jedoch, dass die Phagocytose die Allgemeininfection
des Organismus verursachen hilft oder sie begünstigt, d. h. dass
die Phagocytose die Disposition mitbedingt, nicht aber die Immunität.

Die erwähnten Thatsachen sprechen also vielmehr dafür,
dass die verminderte Fähigkeit der Phagocyten, Rothlaufbacillen
einzukapseln, eine der Ursachen ist, durch welche die Immunität
bei Rothlauf zu Stande kommt.

Es gibt nun in der That eine Reihe von Thatsachen, welche
die Theorie als richtig erscheinen lassen, nach welcher die Phagocytose ein Vorgang ist, durch welchen die Verschleppung und
Vertheilung von Bacillen im Körpergewebe bedingt wird, und es
gibt namhafte Forscher, welche diese Ansicht schon vor Jahren
vertreten haben.

So sagt Robert Koch[1]): »die Thatsache, dass häufig einzelne
Tuberkelbacillen oder Gruppen derselben in ziemlich gleich-
mässigen, und zwar verhältnismässig weiten Abständen in den

---

1) Dr. R. Koch, Die Aetiologie der Tuberculose. Mittheilungen aus
dem Kaiserlichen Gesundheitsamte. Bd. II. S. 20. Berlin 1884. Hirschwald.

erkrankten Geweben vertheilt gefunden werden, ist wohl kaum anders als in der Weise zu erklären, dass die Bacillen, da ihnen jede Eigenbewegung fehlt, von solchen Gewebselementen, welche Eigenbewegung besitzen, also von den Wanderzellen, sei es im Blut- oder Lymphstrom, oder im Gewebe selbst, aus schon bestehenden tuberculösen Herden aufgenommen und weiter verschleppt werden«. Für die Annahme, dass die Bacillen ursprünglich durch Wanderzellen verschleppt und dadurch ihre Vertheilung im Gewebe bedingt wird, führt Koch weiterhin die dem Schweinerothlauf so ähnliche, vielleicht damit identische Septicämie der Mäuse an, bei welcher man die Bacillen ebenfalls im Innern der weissen Blutkörperchen findet, wo sie sich, anfangs in einem oder wenigen Exemplaren vorhanden, rasch vermehren, den Kern zerstören und schliesslich die Zelle sprengen, um, frei geworden, bald wieder von anderen Zellen aufgenommen zu werden und denselben schnellen Untergang zu bereiten.

Bei nicht immunisirten Kaninchen findet man nach intravenöser Injection von Rothlaufbacillen bei mehrtägiger Dauer der Krankheit schliesslich fast nur in Phagocyten eingeschlossene Bacillen. Vertheilt man kleine Gewebsstückchen auf Gelatineplatten, indem man die Gewebspartikel mit der Pincette zerquetscht und durch die noch flüssige Gelatine hindurchzieht, so zeigen nach einigen Tagen die zur Entwickelung gekommenen Colonien eine sehr charakteristische Lagerung: dieselben liegen in mehr oder weniger weiten Abständen in Gruppen von 5, 10 oder 20 beisammen, so dass man auch hieran erkennen kann, dass die Bacillen, aus welchen sie hervorgegangen sind, in gruppenweise beisammen liegenden Phagocyten eingeschlossen waren. Die frei im Blutstrom kreisenden oder im Gewebe liegenden Bacillen werden selbstverständlich durch die von den Körperzellen gebildeten Bacteriengifte leichter getödtet, als die in Blutzellen incorporirten.

Dadurch, dass die Phagocytose den Untergang der eingekapselten Bacillen verzögert, begünstigt sie ebenfalls das Zustandekommen der Allgemeininfection und den schwereren Verlauf, sowie den letalen Ausgang der Krankheit.

Bei den immunisirten Thieren nimmt die Zahl der injicirten Bacillen allmählich ab, dieselben verschwinden nicht, wie man bei der Annahme einer von den Körperzellen verursachten antibacteriellen Giftwirkung denken sollte, plötzlich und gleichzeitig. Dies rührt offenbar auch daher, dass zwar die freiliegenden Bacillen alsbald, d. h. in kurzer Zeit, getödtet werden, während die eingekapselten Stäbchen der Giftwirkung so lange entzogen werden, bis der Phagocyt gesprengt wird und seinen Inhalt austreten lässt.

Dass es sich bei dem Vernichtungsprocess der Rothlaufbacillen im immunisirten Thierkörper nicht um Phagocytose, sondern wirklich um eine Giftwirkung handelt, das geht auch aus der Thatsache hervor, dass man bei den schon frühzeitig (6—7 Stunden) nach der Injection aus dem Blut oder Organgewebe entnommenen Rothlaufbacillen die gleiche Entwickelungshemmung und die gleichen morphologischen Veränderungen nachweisen kann, wie sie bei der Einwirkung antiseptischer Lösungen, z. B. von Carbol- oder Sublimatlösung, an den Bacillen beobachtet werden (s. S. 305, Fig. 1).

Nach Aussaat der bacillenhaltigen Gewebspartikel oder Blutproben in Nährbouillon (mit 1% Pepton und 0,5% Na Cl), welche bei 37° C aufbewahrt wird, beobachtet man oft nach 12, ja sogar nach 24 Stunden keine Trübung. Erst später tritt Entwickelung und Vermehrung ein, die Bouillon beginnt sich zu trüben. Die Trübung ist aber sehr schwach und hat niemals das characteristische Aussehen der durch normale Bacillenentwickelung bedingten, welches, wie schon erwähnt, einer Suspension feinster Krystallnadeln sehr ähnlich ist. Stellt man aus einem Tropfen einer solchen abnorm getrübten Bouilloncultur ein gefärbtes Deckglaspräparat her, so erscheinen die Rothlaufbacillen als äusserst feine und sehr kurze, oft nur punktförmige Stäbchen; längere Stäbchen und Fäden treten nie auf. Die Bacillen aus einer normal entwickelten Bouilloncultur stellen dagegen im gefärbten Deckglaspräparat wesentlich dickere und längere Stäbchenformen dar und ausserdem finden sich kürzere oder längere Fäden.

Durch all diese Thatsachen ist also aufs Neue unsere Theorie begründet und bestätigt worden, nach welcher die Ursache der künstlichen Immunität in einem antibacteriellen, für die Körperzellen aber ganz unschädlichen Toxin besteht, welches von den durch die neuerdings erfolgte Bacterieninvasion gereizten Körperzellen erzeugt wird, oder welches eine Verbindung ist, die sich durch die wechselseitige Einwirkung der eigenthümlich modificirten Zersetzungsproducte der Körperzellen und der Stoffwechselproducte der Bacterien bildet.

Wir haben aber zugleich, wenigstens für den Rothlauf, die Phagocytentheorie Metchnikoffs widerlegt und gezeigt, dass die Phagocytose beim Mechanismus der Immunität keine Rolle spielt. Wir glauben, dass dies von grosser Bedeutung ist und namentlich für den Fortschritt in der rationellen Therapie der Infectionskrankheiten erfreuliche Folgen haben wird. Denn nichts hindert den Fortschritt mehr, als eine falsche Theorie.

Wir erinnern nur an die unglückselige Trinkwassertheorie, welche nunmehr seit mehr als 40 Jahren dem Fortschritt in der Erkenntnis der wahren Ursachen epidemischer Krankheiten so hinderlich im Wege steht. In Bezug auf diese Theorie ist Schopenhauer gewiss im Rechte, wenn er sagt: »Falsche und widerlegte Theorieen trotzen, einmal in Credit gekommen, der Wahrheit halbe, ja ganze Jahrhunderte lang, wie ein steinerner Molo den Meereswogen«.

Die Phagocytentheorie wird hoffentlich ein anderes Schicksal haben, da auch bereits andere Forscher, namentlich Baumgarten, Flügge, Ziegler u. a., schwerwiegende Thatsachen gegen die allgemeine Gültigkeit und Richtigkeit derselben erbracht haben. Die Phagocytentheorie hat sich bisher in Bezug auf die Entwickelung rationeller Heilverfahren bei Infectionskrankheiten als ganz steril erwiesen, und man müsste, wenn diese Theorie richtig wäre, die Hoffnung aufgeben, dereinst Heilmethoden zu finden, bei welchen die gleichen so prompt und energisch wirkenden Mittel gegen die pathogenen Bacterien benutzt werden, wie sie der immunisirte Thierkörper anwendet.

Während unsere eigene Theorie über die Ursache der Immunität einerseits von Metchnikoff heftig bekämpft und seiner Meinung nach auch umgestürzt wurde, hat dieselbe, wie wir mit Freude und Genugthuung constatiren dürfen, von Seite zahlreicher namhafter Forscher Anerkennung und Bestätigung gefunden. So sagt z. B. Flügge[1]: »Emmerich's Folgerung, dass es sich bei der erworbenen Immunität um einen reactiven, das Zellenleben irgendwie betreffenden Vorgang handeln muss, und dass dieser nicht etwa ausschliesslich durch die Phagocyten vermittelt werde, harmonirt durchaus mit meinen vorstehend gegebenen Darlegungen.«

Auch Prof. Ziegler[2] sagt: »Ich muss Emmerich, Mattei und Flügge beipflichten, wenn sie annehmen, dass nicht die von den Bacterien selbst producirten Gifte den Schutz gewähren, sondern durch ihre Anwesenheit verursachte reactive Vorgänge an den Geweben, welche, nach den Beobachtungen von Emmerich und Mattei zu schliessen, unter Umständen chemische Giftstoffe liefern, welche die betreffenden Bacterien rapid tödten.

Zur Erklärung einer durch das Ueberstehen einer Infectionskrankheit erworbenen dauernden Immunität, müsste man alsdann annehmen, dass gewisse Körperzellen durch die erste Infection zu einer Thätigkeit angeregt werden, als deren Effect aus den chemischen Bestandtheilen der Gewebe und der Körpersäfte, Stoffe sich bilden, welche die betreffenden Bacterien vernichten, und dass diese Thätigkeit auch dann noch anhält, wenn die Bacterien zu Grunde gegangen und die Producte ihres Lebens ausgeschieden sind.«

An einer andern Stelle sagt Ziegler: »Es ergibt sich, dass von allen den aufgestellten Theorieen die Gifttheorie, welche die Körperzellen antibacterielle Gifte produciren lässt, am ehesten die so räthselhafte Erscheinung der Immunität zu einem Theil zu erklären im Stande ist.«

---

1) Zeitschrift für Hygiene. 1888. Bd. IV. S. 228.
2) Ueber die Ursache und das Wesen der Immunität etc. Beiträge zur patholog. Anatomie und zur allgem. Pathologie. Bd. V. S. 431.

Während wir bisher unsere Erklärung des Mechanismus der Immunität eine Theorie genannt haben, werden wir im Folgenden zeigen, dass dieselbe nunmehr keine Theorie, sondern eine That-sache ist.

Wenn es nämlich richtig ist, dass im immunisirten Thier-körper die Rothlaufbacillen durch ein von den Körperzellen producirtes, im intercellulären Saftstrom kreisendes chemisches Gift vernichtet werden, dann muss der Gewebssaft immuni-sirter Thiere und vielleicht auch das Blut ein Heilmittel für den zum Ausbruch gekommenen Rothlauf sein.

Es muss also mit anderen Worten gelingen, den Rothlauf durch Injection von Gewebssaft immunisirter Thiere zu heilen.

Trifft dies zu, d. h. lässt sich dies experimentell nachweisen, dann ist unsere Erklärung des Wesens der Immunität keine Theorie mehr, sondern eine Thatsache; denn von einer That-sache oder Behauptung sagen wir, sie sei bewiesen, wenn wir ihre Wahrheit auf Grund einer andern Thatsache oder Behaup-tung glauben, aus welcher sie, wie man sagt, folgt.

Wir werden nun im Folgenden eine grosse Reihe von Ver-suchsresultaten ausführlich mittheilen, welche beweisen, dass der Gewebssaft und das Blut von gegen Rothlauf immun ge-machten Kaninchen, ein vortreffliches, sicher wirkendes Heil-mittel bei der zum Ausbruch gekommenen Rothlaufkrankheit ist und noch mehr, dass wir in der Injection von solchem Gewebs-saft auch, wie a priori zu folgern war, ein rationelles Schutz-impfungsverfahren gegen Rothlauf besitzen.

II. Heilung des Rothlaufs und ein neues Schutzimpfungs-Verfahren gegen die Krankheit.

Um eine complete Immunität bei den zur Bereitung von Heilflüssigkeit bestimmten Kaninchen zu erzielen, mussten die-selben aus schon erörterten Gründen mindestens einmal intra-venös und hierauf zu wiederholten Malen subcutan anfangs mit sehr kleinen, später mit sehr grossen Mengen vollvirulenter Bouillonculturen von Rothlaufbacillen geimpft werden.

I. Immunisirung von Kaninchen.

1. Versuch. Von vier durch intravenöse Injection sehr kleiner Mengen einer vollvirulenten Bouilloncultur am 4. Dezember 1890 schutzgeimpften Kaninchen überstand nur eines die Krankheit, die anderen drei starben am 10. und 11. Dezember. Diesen vier Kaninchen waren am 4. Dezember 1—1 1/2 ccm einer vollvirulenten, um das Zwanzigfache mit sterilisirtem Wasser verdünnten Rothlaufcultur (= 1 bis 2 Tropfen unverdünnter Cultur) in die Ohrvenen injicirt worden.

Das eine Kaninchen (Nr. 1), welches sich nach einer leichten Erkrankung in wenigen Tagen erholte, wog vor der Impfung 2455 g.

Am 17. Dezember betrug das Körpergewicht trotz guter Fütterung nur 2350 g. Das Gewicht hatte sich also infolge der Erkrankung um 105 g vermindert.

Da die Abnahme des Körpergewichtes bei der erstmaligen Schutzimpfung und die Zunahme desselben nach den späteren Impfungen ein ziemlich regelmässiges Verhalten zeigen, aus dem sich gewisse Schlussfolgerungen ziehen lassen, so haben wir im Folgenden die diesbezüglichen Zahlen mitgetheilt.

Am 18. Dezember erhielt das Kaninchen Nr. 1 als erste Nachimpfung eine subcutane Injection von 1 ccm vollvirulenter Bouilloncultur von Rothlaufbacillen, worauf das Thier keinerlei Krankheitserscheinungen zeigte. Am 22. Dezember wurden demselben 4 1/2 ccm gleicher Cultur subcutan injicirt und am 29. Dezember die grosse Menge von 12 ccm. Am 22. Dezember war das Körpergewicht 2320 g und am 29. Dezember bereits 2448 g, so dass das ursprüngliche Gewicht trotz der wiederholten, sehr energischen Schutzimpfungen wieder erreicht war. Am 8. Januar war dasselbe auf 2510 g gestiegen und dem Thier wurden an diesem Tage 20 ccm Bouilloncultur vollvirulenter Rothlaufbacillen subcutan injicirt. Schliesslich wurden diesem Kaninchen am 28. Januar, nachdem das Körpergewicht 2525 g erreicht hatte, nochmals 4 ccm und am 29. Januar 2 ccm virulenter Rothlaufbacillencultur subcutan injicirt. Am 30. Januar wurde das Thier getödtet und in der unten beschriebenen Weise zur Heilsaftgewinnung verwerthet.

2. **Versuch.** Von drei Kaninchen, denen behufs Schutzimpfung am 15. Dezember je 1 bis 1½ ccm einer von 1 auf 25
verdünnten vollvirulenten Bouilloncultur von Rothlaufbacillen
(= 1 Tropfen unverdünnter Cultur) in den ramus anterior der vena
auricularis posterior injicirt worden waren, starben zwei am 19.
bezw. 22. Dezember an Rothlauf. Nur ein Kaninchen Nr. 2
überstand die Krankheit. Das Körpergewicht desselben war vor
der Schutzimpfung 2605 g.

Am 29. Dezember erhielt dieses nunmehr immun gewordene
Thier 1½ ccm Bouilloncultur subcutan. Das Körpergewicht war
nunmehr 2105 g, hatte also um 500 g abgenommen. Am 8. Januar wurden abermals 8 ccm Bouilloncultur von Rothlaufbacillen
subcutan injicirt. Das Körpergewicht betrug 2025 g.

Dieses Thier wurde am 24. Januar getödtet und zur Gewinnung von Gewebssaft und Blut in der gleich zu beschreiben-
den Weise benutzt. Das Gewicht des todten Thieres betrug
2608 g; es hatte also sehr bald sein ursprüngliches Gewicht
wieder erreicht.

3. **Versuch.** Am 29. Dezember werden den Kaninchen Nr. 3,
Nr. 4 und Nr. 5 je 1½ ccm einer im Verhältnis von 1 : 80 mit
sterilisirtem Wasser verdünnten vollvirulenten Bouillencultur von
Rothlaufbacillen (= ⅛ Tropfen unverdünnter Cultur) in den
ramus anterior der vena auricularis posterior injicirt. Das Körpergewicht war

für Nr. 3	2225 g
» Nr. 4	2505 »
» Nr. 5	2165 »

Am 15. Januar erhalten diese drei Kaninchen als zweite
Schutzimpfung eine Injection von je 0,5 ccm vollvirulenter Bouilloncultur von Rothlaufbacillen subcutan und am 23. Januar je 5 ccm
der gleichen Cultur als 3. Impfung, ebenfalls unter die Haut.
Das Körpergewicht war:

für Kaninchen Nr. 3	2575 g
» » Nr. 4	2585 »
» » Nr. 5	2125 »

Das Körpergewicht war also bei 3 und 4 bereits wesentlich höher als vor der Schutzimpfung und Nr. 5 hatte das ursprüngliche Gewicht nahezu wieder erreicht.

Kaninchen Nr. 3 starb am 28. Januar gelegentlich einer Stallepidemie an Kaninchensepticämie.

Am 28. Januar werden Kaninchen Nr. 4 und Nr. 5 behufs Gewinnung von Gewebssaft getödtet.

4. Versuch. Am 13. März werden drei immunisirte Kaninchen getödtet und zur Heilsaftgewinnung verwerthet. Dieselben waren auf folgende Weise immunisirt worden: Kaninchen Nr. 6 erhielt am 28. Januar 0,7 ccm virulenter Bouilloncultur von Rothlaufbacillen subcutan, am 15. Februar 0,2 ccm einer ganz frisch aus der Milz eines rothlaufkranken Schweines gezüchteten Bouilloncultur ebenfalls unter die Haut. Am 27. Februar wurden diesem Thier 2 ccm der gleichen Cultur subcutan und am 5. März 1 ccm derselben in den ramus anterior der vena auricularis posterior injicirt. Schliesslich erhielt das Thier am 11. März noch eine subcutane Injection von 6 ccm der erwähnten, inzwischen wiederholt übertragenen Bouilloncultur.

Kaninchen Nr. 7 war bereits, in später zu beschreibender Weise, zu einem Heilversuch verwendet worden. Nachdem dasselbe in Folge der Heilbehandlung die Injection mit Rothlaufbacillen überstanden hatte, wurde dasselbe nach weiteren Schutzimpfungen ebenfalls zur Heilsaftgewinnung verwendet.

Demselben wurden nämlich am 23. Februar 8 ccm Heilflüssigkeit und 1 ccm virulenter Bouilloncultur von Rothlaufbacillen subcutan injicirt und am 25. Februar nochmals 4 ccm filtrirten Blutes und 1,5 ccm Gewebssaft von einem immunisirten Kaninchen. Am 5. März erhielt dasselbe eine subcutane Injection von 4 ccm und am 7. März eine intravenöse von 1,5 ccm virulenter Rothlaufbacillen-Cultur, worauf dann am 11. März nochmals eine subcutane Injection von 6 ccm dieser Cultur folgte. Getödtet am 13. März.

Kaninchen Nr. 8 erhielt am 23. Februar 1 ccm virulenter Bouilloncultur subcutan und am 5. März 4 ccm derselben, am

7. März 1,5 ccm intravenös und schliesslich am 11. März 6 ccm
subcutan. Getödtet etc. am 13. März.

2. Gewinnung des Gewebssaftes und des Blutes künstlich immunisirter Kaninchen.

Die in der oben beschriebenen Weise immunisirten Kaninchen wurden, nachdem denselben colossale Mengen vollvirulenter
Rothlaufbacillen wiederholt subcutan und intravenös injicirt und
damit sichere Anhaltspunkte für das Vorhandensein einer com-
pleten Immunität gewonnen waren, durch Erhängen getödtet.
Sofort nach eingetretenem Tode wurden die Thiere ½ Stunde
lang in eine 1 procentige Sublimatlösung gelegt. Behufs voll-
ständiger Entfernung des Sublimates wurden dieselben eine Stunde
hindurch im laufenden, sehr keimarmen Leitungswasser (10 bis
20 Bacterien pro 1 ccm) gewaschen, wiederholt aus dem von laufen-
dem Wasser durchflossenen Gefäss herausgenommen, gründlich
abtropfen gelassen und in ein anderes gut ausgespültes Wasser-
becken eingelegt. Schliesslich wurden die Thiere noch mit reich-
lichen Mengen warmen destillirten Wassers wiederholt übergossen,
so dass, wie auch durch chemische Prüfung des abtropfenden
Wassers erwiesen wurde, alles Sublimat sicher entfernt war. Nunmehr wurde das Fell der Thiere entfernt und sämmtliche Organe,
Lungen, Milz, Leber, Nieren, Muskeln sowie das Fett in kleinere
Stücke zerschnitten, die zerkleinerte Masse durch eine Fleisch-
schneidmaschine getrieben und in einer hydraulischen Presse bei
einem Drucke von 300 bis 400 Atmosphären ausgepresst. Der
abfliessende frische Organsaft wurde durch ein sterilisirtes Chamber-
landsches Filter filtrirt, und ohne dass Keime aus der Luft etc.
zutreten konnten, in sterilisirten Glaskölbchen, welche mit einer
aufgeschliffenen Kappe mit Watteverschluss und mit einer seit-
lich abgehenden Röhre versehen waren, aufgefangen. Durch die
letztere, welche capillar ausgezogen war, konnten nach entspre-
chendem Flambiren und Abbrechen der zugeschmolzenen Spitze
jederzeit Proben für die Versuche entnommen werden, ohne dass
hierdurch eine Infection des im Kölbchen verbleibenden Gewebssaftes eintreten konnte. Das Blut der Thiere wurde gesondert

filtrirt und ebenfalls in besonderen Kölbchen aufgefangen. Diese keimfreien Proben von Gewebssaft und Blut der immunisirten Thiere, die wir in der Folge der Kürze halber als »Heilflüssigkeit« bezeichnen werden, wurden in einem zweckmässig construirten Eisschrank bei 0,1 bis 0,5 ° C. aufbewahrt.

3. Heilung des Rothlaufs bei weissen Mäusen.

Wir sind im Stande, den Rothlauf bei weissen Mäusen mit solcher Sicherheit zu heilen, dass selbst bei Einführung enormer Mengen von Rothlaufbacillen in den Organismus (1 ccm Bouilloncultur) kein einziges Thier zu Grunde geht. Wenn die Heilimpfung frühzeitig (1 bis 24 Stunden) nach der Injection von Rothlaufbacillen gemacht wird, dann entstehen nicht einmal wahrnehmbare Krankheitserscheinungen. Die Thiere sind und bleiben frisch und wohl, wie wenn nichts geschehen wäre.

Als Beweis hierfür lassen wir einige Versuchsprotokolle folgen:

a) Versuche, bei welchen die Heilflüssigkeit unmittelbar nach Einführung der Rothlaufbacillen in den Organismus injicirt wurde.

1. Versuch. Am 6. Februar werden drei weisse Mäuse durch subcutane Injection von 0,6 ccm virulenter Rothlaufbacillencultur inficirt, und gleich darauf der Maus Nr. 1 und Nr. 2 etwa 2 ccm Heilflüssigkeit (Gewebssaft von den immunisirten Kaninchen Nr. 4 und Nr. 5 s. S. 296). Eine Controlmaus Nr. 3 erhält 0,5 ccm der gleichen Rothlaufbacillencultur (also 0,1 ccm weniger als Maus Nr. 1 und 2 injicirt wurde). Diese Controlmaus stirbt in der Nacht vom 8. auf 9. Februar an Rothlauf (zahlreiche Bacillen im Blut und in den Organen). Maus Nr. 1 und 2 zeigen keinerlei Krankheitserscheinungen; Fresslust und Lebhaftigkeit sind ganz normal und beide Thiere leben heute noch (25. März 1891).

2. Versuch. Am 11. Februar erhalten Maus Nr. 4 und Nr. 5 je eine subcutane Injection von 0,5 ccm virulenter Bouilloncultur von Rothlaufbacillen. Eine halbe Stunde später erhält Maus Nr. 4 2 ccm filtrirtes Blut vom immunisirten Kaninchen Nr. 1 (s. S. 295), sowie von Kaninchen Nr. 4 und 5 (s. S. 296). Der Maus Nr. 5

werden zur gleichen Zeit 1,5 ccm Gewebssaft von Kaninchen Nr. 1 (s. S. 295) subcutan injicirt. Eine Controlmaus Nr. 6 erhält lediglich 0,4 ccm der gleichen Cultur von Rothlaufbacillen. Die Controlmaus ist am 13. Februar sehr krank und stirbt in der Nacht vom 13. auf 14. Februar an Rothlauf. Die beiden anderen mit Heilflüssigkeit behandelten Mäuse erkranken nicht und leben noch heute (25. März).

3. Versuch. Am 15. Februar werden einer Maus Nr. 7 0,1 ccm Bouilloncultur von Rothlaufbacillen, welche einige Tage vorher aus einem an Rothlauf verendeten Schweine reingezüchtet worden waren, unter die Rückenhaut injicirt, und unmittelbar darauf werden 3½ ccm filtrirter Heilflüssigkeit (von Kaninchen Nr. 1, S. 295) ebenfalls unter die Haut gespritzt. Eine Controlmaus Nr. 8 erhält lediglich 0,1 ccm der gleichen Bouilloncultur subcutan.

Die Controlmaus stirbt am 17. Februar Nachmittags 4 Uhr. In Leber, Milz und Blut finden sich massenhaft Rothlaufbacillen, vielfach in Haufen bei einander liegend.

Aber auch die mit einer so grossen Menge von Heilflüssigkeit behandelte Maus Nr. 7 stirbt an Rothlauf, und zwar zur gleichen Zeit, wie die Controlmaus. In der Leber, Milz und im Blut finden sich sehr viele Rothlaufbacillen.

(Dieses auffallende, negative Resultat kann möglicherweise darin begründet sein, dass das antibacterielle Gift in der Heilflüssigkeit zerstört war. Die einige Tage später ausgeführte Untersuchung dieser Flüssigkeit (Gewebssaft und Blut von Kaninchen Nr. 1) durch Nusaat auf Gelatineplatten zeigte nämlich, dass sich in derselben grosse Massen einer in gelben, langsam verflüssigenden Colonieen wachsenden Bacterienart entwickelt hatten.)

4. Versuch. Am 18. Februar werden einer weissen Maus Nr. 9 0,15 ccm vollvirulenter Bouilloncultur von Rothlaufbacillen und gleichzeitig 3 ccm Heilflüssigkeit injicirt.

Eine Maus Nr. 10 erhält zur gleichen Zeit 0,15 ccm derselben Cultur und 2 ccm Gewebssaft und Blut, wovon aber sehr viel aus der Haut wieder herausläuft.

Eine Controlmaus Nr. 11 erhält lediglich 0,15 ccm der erwähnten Rothlaufbacillencultur. Dieselbe stirbt in der Nacht vom 20. auf 21. Februar. Aber auch Maus Nr. 10 geht am 28. Februar, also am 10. Tage nach der Infection und Heilbehandlung zu Grunde, obgleich dieselbe in den ersten acht Tagen keinerlei Krankheitserscheinungen zeigte.

Die mikroskopische Untersuchung des Blutes und der Organe ergab, dass beide Mäuse (Nr. 10 und 11) an Rothlauf verendet waren.

Maus Nr. 9 erkrankt nicht und ist noch heute (25. März) am Leben.

5. Versuch. Am 14. März werden einer Maus Nr. 12 0,4 ccm virulenter Bouilloncultur von Rothlaufbacillen und gleich darauf 3½ ccm Heilflüssigkeit (Gewebssaft und Blut, gemischt von den immunisirten Kaninchen Nr. 4 und 5 (s. S. 296) subcutan injicirt. Maus Nr. 13 erhält ebenfalls 0,4 ccm der Rothlaufbacillencultur und nur 1 ccm der gleichen Heilflüssigkeit subcutan.

Eine Controlmaus Nr. 14 erhält lediglich 0,4 ccm derselben virulenten Cultur.

Die Controlmaus Nr. 14 stirbt am Morgen des 17. März und in allen Organen, sowie im Blut sind Rothlaufbacillen mikroskopisch nachweisbar.

Die Mäuse Nr. 12 und 13 sind heute noch ganz gesund (25. März) und zeigten niemals Krankheitserscheinungen.

Während also die **sämmtlichen** mit der gleichen oder einer etwas geringeren Menge von Rothlaufbacillen inficirten Controlmäuse nahezu in der gleichen Zeit nach der Infection (36 bis 60 Stunden) an Rothlauf zu Grunde gingen, starben von den mit dem Gewebssaft und Blut immunisirter Kaninchen behandelten neun Mäusen nur zwei. Die sieben anderen erkrankten überhaupt nicht und sind bis heute (25. März) gesund. Zwei derselben haben 14 resp. 20 Tage nach der Infection und Heilbehandlung je vier junge, gesunde und kräftige Mäuse zur Welt gebracht, die ebenfalls heute noch leben und späterhin zu Versuchen

verwendet werden, welche über das Wesen des Heilvorganges
Licht verbreiten sollen.

Der Tod der beiden mit Heilflüssigkeit behandelten Mäuse
erklärt sich bei der einen aus einer Veränderung der Heilflüssigkeit, die durch Bacterien bedingt war, welche in Folge der
öfteren Probeentnahme in die Flüssigkeit gelangten. Die zweite
Maus starb wahrscheinlich deshalb, weil der grösste Theil der
Heilflüssigkeit aus der Stichwunde wieder ausgeflossen ist.

**b) Versuche, bei welchen die Heilflüssigkeit erst sieben Stunden nach
subcutaner Injection der Rothlaufbacillen angewendet wurde.**

1. Versuch. Die Maus Nr. 15 erhält am 28. Januar vormittags 10 Uhr eine subcutane Injection von 0,5 ccm Bouilloncultur virulenter Rothlaufbacillen und am gleichen Tage, abends
5 Uhr, also sieben Stunden später, 2 ccm des filtrirten Gewebssaftes von Kaninchen Nr. 2 (s. S. 296) ebenfalls subcutan.

Eine Controlmaus Nr. 16 erhält 0,5 ccm der gleichen Cultur
subcutan.

Die Controlmaus stirbt in der Nacht vom 30. auf 31. Januar
an Rothlauf.

Die mit Heilflüssigkeit behandelte Maus Nr. 15 bleibt am
Leben und zeigt überhaupt keine Krankheitserscheinungen.

2. Versuch. Am 1. Februar Vormittags 10 Uhr werden zwei
Mäuse Nr. 17 und 18 mit 0,5 ccm virulenter Bouilloncultur von
Rothlaufbacillen durch subcutane Injection inficirt. Am gleichen
Tage nachmittags 5 Uhr, also sieben Stunden nach der Infection
werden der Maus Nr. 17 und 18 je 1,5 ccm Heilflüssigkeit von
den immunisirten Kaninchen Nr. 4 und 6 (s. S. 297) subcutan
injicirt. Eine Controlmaus Nr. 19 erhält ebenfalls am 1. Februar
vormittags 10 Uhr eine subcutane Injection von 0,5 ccm der
erwähnten Cultur.

Die Controlmaus stirbt in der Nacht vom 3. auf 4. Februar
an Rothlauf (mikroskopisch massenhaft Bacillen in den Organen
und im Blut).

Am 8. Februar, also am achten Tage nach der Infection
und Heilbehandlung stirbt Maus Nr. 18 an Rothlauf, nachdem

dieselbe erst am 6. Februar leichte Krankheitserscheinungen (Conjunctivitis, verminderte Beweglichkeit der rechten hinteren Extremität etc.) gezeigt hatte. Im Blut und in den Organen sind Rothlaufbacillen in mässiger Zahl zu finden.

Maus Nr. 17 erkrankte nicht und blieb am Leben.

Von drei Mäusen, denen die Heilflüssigkeit erst 7 Stunden nach der Infektion mit Rothlaufbacillen injicirt worden war, starb eine erst am 8. Tage nach der Infection. Es unterliegt keinem Zweifel, dass auch dieses Thier durch eine wiederholte Injektion von Heilflüssigkeit geheilt worden wäre. Die Control-mäuse gingen sämmtlich an Rothlauf zu Grunde.

4. Heilung des Rothlaufs bei Kaninchen.

Die Rothlaufbacillen verursachen bei Kaninchen bei sub-cutaner Injection eine mehr oder weniger heftige fieberhafte Krankheit. Erst grössere Mengen (2 bis 3 ccm Bouilloncultur) haben den Tod der Thiere zur Folge.

Bei intravenöser Injection dagegen wird schon durch eine geringe Menge (2 bis 3 Tropfen einer vollvirulenten Bouillon-cultur) eine tödtlich endende Krankheit verursacht[1].

Sowohl bei subcutaner als bei intravenöser Injection der Rothlaufbacillen gibt der Verlauf der Körpertemperatur das beste Bild von der Intensität der Erkrankung.

Im Anschluss an die Versuche über den Untergang der Rothlaufbacillen im immunisirten Organismus haben wir auch die Heilversuche mit dem Gewebssaft immunisirter Thiere bei Kaninchen begonnen.

Nachdem ein Kaninchen nach der Verimpfung unfiltrirten Gewebssaftes immunisirter Thiere bei gleichzeitiger Infection mit Rothlaufbacillen an Kaninchensepticämie zu Grunde ging, ergab

---

1) Die Bemerkung in unserer früheren Arbeit (Fortschritte der Medicin 1888. S. 730), dass Kaninchen auf intravenöse Injection von Rothlaufbacillen viel weniger heftig reagiren als auf subcutane, beruht, wie aus der betr. Arbeit selbst hervorgeht, auf einem Druckfehler. Wir wählten ja die intra-venöse Injection zur Schutzimpfung gerade desshalb, weil durch dieselbe eine viel allgemeinere und heftigere Reaction der Körperzellen verursacht wird.

sich die Nothwendigkeit, den Gewebssaft und das Blut durch Chamberland'sche Filter bacterienfrei zu machen. Bemerkenswerth war bei diesem ersten missglückten Heilversuch, dass bei dem mit 1 ccm Bouilloncultur von Rothlaufbacillen inficirten Kaninchen Rothlaufbacillen im Gewebe nicht gefunden wurden, was zu der Hoffnung berechtigte, dass es gelingen werde, mit filtrirtem Safte Heilerfolge auch bei Kaninchen zu erzielen.

Es würde zu weit führen, sämmtliche Versuchsprotokolle der von uns mit Heilflüssigkeit behandelten und vorher mit Rothlaufbacillen inficirten Kaninchen mitzutheilen. Wir geben deshalb nur einige Krankheitsgeschichten, welche in charakteristischer Weise den Verlauf der Krankheit und das Verhalten der Körpertemperatur, sowohl bei subcutaner als bei intravenöser Injection, einerseits von Rothlaufbacillen allein, und andererseits bei gleichzeitiger und später folgender Behandlung mit Heilflüssigkeit demonstriren.

a) Versuche, bei welchen die Heilflüssigkeit unmittelbar nach subcutaner Injection der Rothlaufbacillen angewendet wurde.

1. Versuch. Am 18. Februar werden einem Kaninchen Nr. 1 0,5 ccm vollvirulenter Bouilloncultur von Rothlaufbacillen subcutan injicirt und gleich darauf 3 ½ ccm Gewebssaft und 2 ccm Blut vom immunisirten Kaninchen Nr. 2 (s. S. 296).

Ein etwas grösseres und kräftigeres Control-Kaninchen erhielt zur gleichen Zeit 0,5 ccm derselben Rothlaufbacillen-Cultur subcutan.

Die folgenden Curven (s. Fig. 1 S. 305) zeigen den Verlauf der Körpertemperatur beider Thiere. Die schwarze Curve stellt für das mit Heilflüssigkeit behandelte Kaninchen und die gestrichelte Curve für das Controlthier das Verhalten der Körpertemperatur dar.

Das mit Heilflüssigkeit behandelte Kaninchen erkrankte, wie auch der Verlauf der Körpertemperatur zeigt, überhaupt nicht. Die unbedeutende Erhöhung der Körpertemperatur um nur 0,5° C., welche höchstens 12 Stunden anhielt, zeigt, dass die Rothlaufbacillen innerhalb dieser kurzen Zeit im Körper vollständig vernichtet wurden.

Aus dem Vergleiche dieser Temperaturcurve mit der Temperaturcurve für Kaninchen Nr. 3, sowie namentlich mit dem Gange der Körpertemperatur bei dem nur mit Heilflüssigkeit behandelten Kaninchen Nr. 1 S. 312 ergibt, dass die kurzdauernde Erhöhung der Körpertemperatur lediglich durch die Einführung der Heilflüssigkeit, nicht aber durch die Bacillen verursacht ist.

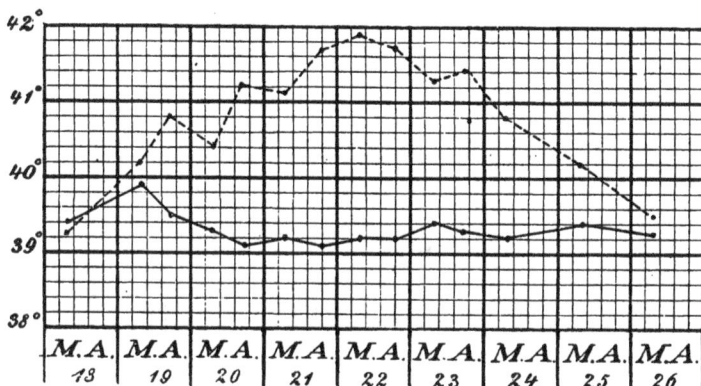

Fig. 1.

Das Controlkaninchen dagegen machte eine schwere Krankheit durch. Dasselbe nahm vom 3. Tage ab kein Futter, der Koth war dünnbreiig, nicht geballt und am Abend des 4. Tages nach der Infection war das Thier somnolent und so schwach, dass es bei leichtem Anstoss auf die Seite fiel und sich nur mit Mühe wieder aufrichten konnte. Dasselbe magerte stark ab und erholte sich vom 10. Tage ab nur sehr langsam. Sogar heute, am 25. März, ist das Thier noch sehr mager und schwach und hat Ankylosen zweier Gelenke (vordere und hintere Pfote).

Es wird genügen noch einen zweiten Versuch anzuführen, bei welchem die Rothlaufbacillen und die Heilflüssigkeit gleichfalls subcutan applicirt wurden, um zu zeigen, dass der Verlauf der Infection bei dem mit Heilflüssigkeit behandelten und dem zur Controle dienenden Thiere stets die gleichen charakteristischen und sehr ausgeprägten Unterschiede zeigt.

2. Versuch. Am 23. Februar erhält ein Kaninchen Nr. 3 eine subcutane Injection von 6 ccm Gewebssaft und 2 ccm Blut vom immunisirten Kaninchen Nr. 1 (s. S. 295) und gleichzeitig 1 ccm virulenter Bouilloncultur ebenfalls subcutan.

Einem Controlkaninchen Nr. 4 wird 1 ccm derselben Bouilloncultur unter die Rückenhaut injicirt.

Den Verlauf der Körpertemperaturen zeigen die folgenden Curven (schwarze Curve für das mit Heilflüssigkeit behandelte Kaninchen; gestrichelte Curve für das Controlthier).

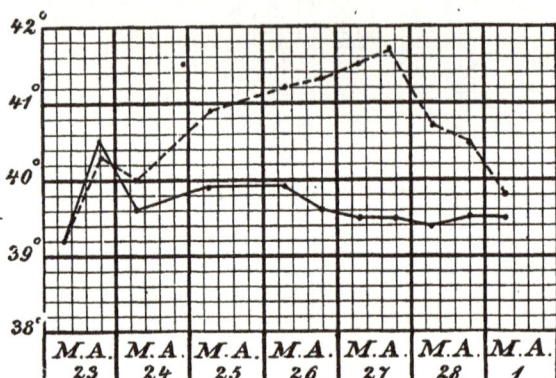

Fig. 2.

Kaninchen Nr. 3 zeigte keinerlei Krankheitserscheinungen, Fresslust und Lebhaftigkeit waren im Verlauf der nächsten Tage nicht verringert. Auch das Körpergewicht zeigte keine Abnahme. Das Controlkaninchen dagegen machte eine sehr schwere Krankheit durch, von welcher es sich nur sehr langsam erholte.

Dies ist der gewöhnliche Verlauf der Infection bei subcutaner Injection der Rothlaufbacillen und gleichzeitiger Anwendung von Heilflüssigkeit.

Bei Einspritzung sehr grosser Mengen von Rothlaufbacillen kann übrigens, wenn die Einspritzung von Heilflüssigkeit nur einmal erfolgt, eine schwere, stets aber doch mit Genesung endende Krankheit entstehen.

In solchen Fällen ist es nur nöthig, die Injection von Heilflüssigkeit im Verlauf der ersten Tage nach der Infection einige Male zu wiederholen, um der Krankheit Herr zu werden und dieselbe zu coupiren. In solchen Fällen (subcutane Injection sehr grosser Mengen von Rothlaufbacillen) scheint die Behandlung mit einmaliger Einspritzung von Heilflüssigkeit wirksamer zu sein, wenn sie nicht sofort, sondern erst einen Tag (24 Stunden) nach der Injection der Rothlaufbacillen angewendet wird.

Der folgende Versuch kann als Beispiel hiefür, sowie auch für die Wirksamkeit der erst 24 Stunden nach der Infection vorgenommene einmaligen Einspritzung von Heilflüssigkeit dienen.

b) Einmalige Anwendung der Heilflüssigkeit, 24 Stunden nach der subcutanen Injection von Rothlaufbacillen.

3. Versuch. Am 16. März werden einem Kaninchen Nr. 5 und einem andern Nr. 6, sowie einem von dem gleichen Wurfe wie Kaninchen Nr. 5 und 6 stammenden, aber etwas kräftigeren und schwereren Kaninchen Nr. 7 je 3 ccm virulenter Bouilloncultur von Rothlaufbacillen subcutan injicirt.

Kaninchen Nr. 5 erhält gleich darauf 16 ccm frisch bereiteter Mischung von Gewebssaft und Blut der immunisirten Kaninchen Nr. 6, 7 und 8 (s. S. 297 und 298) subcutan.

Dem Kaninchen Nr. 6 werden erst 24 Stunden später, am 17. März, 12 ccm derselben Mischung von Gewebssaft und Blut injicirt, während das Kaninchen Nr. 7 zur Controle dient.

Die Körpertemperatur der Thiere zeigte den, auf umstehender Seite angegebenen, Verlauf.

Dieser und einige mit ziehmlich ähnlichem Resultat ausgeführte andere Versuche zeigen, dass bei subcutaner Einführung der Rothlaufbacillen günstigere Heilresultate erzielt werden, wenn die Anwendung der Heilflüssigkeit nicht sofort, sondern erst circa 24 Stunden nach der Infection erfolgt. Aus dem Vergleich der Temperaturcurven von Kaninchen Nr. 5 und 6 muss dieser Schluss gezogen werden.

Die heftige und lange dauernde Krankheit des Kaninchens Nr. 5, hätte einen wesentlich leichteren und kürzeren Verlauf gehabt, wenn die Injection von Heilflüssigkeit im Verlauf der beiden nächsten Tage nach der Infection wiederholt worden wäre.

Datum	Kaninchen Nr. 5	Kaninchen Nr. 6	Control- Kaninchen Nr. 7
16. März morgens . .	39,4	39,2	39,2
16. » abends . .	40,9	39,5	39,8
17. » morgens . .	40,3	40,4	40,5
17. » abends . .	40,2	40,8	40,3
18. » morgens . .	40,7	39,7	40,6
18. » abends . .	40,4	40,4	41,2
19. » morgens . .	41,2	40,0	41,0
19. » abends . .	41,8	40,0	41,9
20. » morgens . .	41,7	40,7	41,6
20. » » . .	41,8	40,8	41,7
21. » » . .	41,1	40,5	41,7
21. » abends . .	41,4	40,0	41,8
22. » morgens . .	41,4	40,8	41,7
22. » abends . .	41,3	39,8	41,4
23. » morgens . .	41,4	39,4	41,5
23. » abends . .	40,6	39,3	41,3
24. » morgens . .	40,0	39,1	41,1
24. » abends . .	39,6	39,1	40,1
25. » morgens . .	39,6	39,0	40,3

c) **Heilung der durch intravenöse Injection verursachten schweren Rothlauferkrankung bei Kaninchen.**

Wir haben schon wiederholt erwähnt, dass durch die intravenöse Injection eines Tropfens von einer Bouilloncultur, vollvirulenter, d. h. frisch aus einem an Rothlauf eingegangenem Schweine gezüchteter Rothlaufbacillen, Kaninchen schwer erkranken und zu Grunde gehen.

Wenn man nun im Stand ist Kaninchen, denen 1 ½ ccm einer solchen Rothlaufbacillencultur intravenös injicirt wurden, durch intravenöse Injection von Heilflüssigkeit vom sicheren Tod zu retten, dann ist die Wirksamkeit unserer Heilmethode in überzeugender Weise dargethan.

1. **Versuch.** Am 27. Februar werden einem 2100 g schweren Kaninchen (Nr. 1) 1 ½ ccm vollvirulenter, 2 Tage alter Bouilloncultur von Rothlaufbacillen in den ramus auterior der vena auricularis posterior injicirt. Da man bei Ausführung der

Injection die helle, bacillenhaltige Bouillon durch die in längerer Strecke vollkommen frei präparirte Vene laufen sah, so war man sicher, dass die ganze Menge der Cultur direct u n d o h n e Ve r l u s t in den Blutkreislauf eingeführt wurde. Unmittelbar nach Einspritzung der Rothlaufbacillen werden diesem Kaninchen 4 ccm Gewebsaft vom immunisirten Kaninchen Nr. 1 (s. S. 295) in die gleiche Ohrvene injicirt und ausserdem erhält dieses Thier eine subcutane Injection von 6 ccm des gleichen Gewebssaftes.

Ein wesentlich kräftigeres, 2500 g schweres z u r C o n t r o l e für die Wirkung intravenöser Injection von Rothlaufbacillen dienendes Kaninchen Nr. 2 erhält lediglich eine intravenöse Injection von 1½ ccm der gleichen Rothlaufbacillen-Cultur. Die Körpertemperatur dieser Thiere zeigte folgendes Verhalten:

Datum	Kaninchen Nr. 1, mit Heilflüssigkeit behandelt	Control-Kaninchen	Bemerkungen
27. Februar morgens .	39,4	39,1	
28. » » .	39,9	40,2	
28. » abends .	40,5	42,0	
1. März morgens . .	41,6 [1]	41,5	1) Erhält eine Injection von 7,5 ccm des schon erwähnten Gewebssaftes in die rechte Schenkelvene
1. » abends . .	41,8 [2]	41,3	2) Erhält nochmals 2 ccm Gewebssaft und 2 ccm Blut subcutan
2. » morgens . .	41,3 [3]	40,2	3) Erhält wieder 7,5 ccm des erwähnten Gewebssaftes subcutan
2. » abends . .	41,2	37,5	
3. » morgens . .	40,6	34,2	Tod am 3. März abends 6 Uhr nachdem es sich 2 Tage in Agonie befand
4. » » . .	41,2	todt	
4. » abends . .	41,2		
5. » morgens . .	41,0 [4]		4) Die Wunden gereinigt, Nähte entfernt, Jodoform eingestreut
6. » » . .	40,5		
7. » » . .	39,5		
8. » » . .	39,3		

Während das Controlthier am 3. März starb, ist das mit Heilflüssigkeit behandelte Kaninchen noch heute in bestem Ernährungszustande am Leben.

Die hohen Körpertemperaturen des mit Heilflüssigkeit behandelten Kaninchens Nr. 1 veranlassten uns zur wiederholten
intravenösen und subcutanen Injection von Heilflüssigkeit. Erst
später überzeugten wir uns, dass dieses Fieber höchst wahrscheinlich durch die drei grossen Wunden an den beiden Ohren
und namentlich durch eine 8 cm lange und bis zwischen die
Muskulatur gehende Wunde am linken Hinterschenkel bedingt
war. An dieser Wunde waren einige Nähte aufgegangen, so
dass an einer Stelle die Muskulatur bloss lag. Nachdem dieselbe
am 5. März mit Sublimatlösung gründlich desinfizirt, grosse
Mengen von Jodoform eingestreut und darüber Collodium gegeben
war, ging die Körpertemperatur alsbald herab und erreichte schon
am 7. März die normale Höhe. Das Thier, an welchem ausser
der Steigerung der Körpertemperatur keinerlei Krankheitserscheinungen wahrnehmbar waren, frass stets viel, so dass auch
das Körpergewicht während des Fiebers nicht abnahm. Dasselbe
betrug am 7. März 2105 g und heute, am 25. März, beträgt dasselbe 2216 g, hat also um 111 g zugenommen.

Das viel kräftigere und schwerere Controlthier, welches schon
am 1. März sehr schwach war, bei leichtem Anstoss auf die
Seite fiel und sich nur mühsam wieder aufrichten konnte, war
am 2. März somnolent und hatte dünnbreiigen Stuhl. Schon
am Abend des 2. März befand sich dieses Kaninchen in Agonie,
welcher erst am Abend des 3. März der Tod folgte.

2. Versuch. Am 16 März werden einem Kaninchen Nr. 3
1 ½ ccm virulenter Bouilloncultur von Rothlaufbacillen und gleichzeitig 4 ccm Heilflüssigkeit in die linke hintere Ohrvene injicirt.
Das Kaninchen erhält ausserdem 10 ccm der gleichen, von den
immunisirten Kaninchen Nr. 6, 7 und 8 stammenden Heilflüssigkeit, subcutan.

Einem, von dem gleichen Wurf stammenden, etwas kräftigeren
Controlkaninchen Nr. 4 werden lediglich 1,3 ccm der gleichen
Bouilloncultur intravenös injicirt. Das Controlkaninchen war
schon am 18. März schwer krank und nahm kein Futter mehr.
Am 19. März war dasselbe somnolent und es starb in der Nacht
vom 19. auf 20. März.

Das mit Heilflüssigkeit behandelte Kaninchen machte eine
6 tägige, ziemlich heftige Erkrankung durch (die Körpertemperatur
betrug einmal, am 17. März abends, 41,8°C.), das Körpergewicht
nahm um 92 g ab, das Kaninchen erholte sich aber wieder rasch,
zeigte grosse Fresslust und ist heute am 25. März ganz gesund.

Die Versuche zeigen, dass auch die schwere, stets mit
dem Tode endigende Erkrankung, welche bei Kaninchen
nach intravenöser Injection grösserer Mengen von Rothlaufbacillen
verursacht wird, durch intravenöse Injection der Heilflüssigkeit
wesentlich milder gestaltet und in vollständige Genesung übergeführt werden kann.

5. Anwendung der Heilflüssigkeit zur Schutzimpfung gegen Rothlauf bei weissen Mäusen und Kaninchen.

Da die in der Heilflüssigkeit enthaltenen antibacteriellen
Stoffe dem immunisirten Thierkörper auf lange, bisher noch nicht
abgegrenzte Zeit, Schutzkraft gegen die Rothlaufkrankheit ver-
leihen, so war es denkbar, dass sich auch durch die einmalige
Injection dieser die Bacterien vernichtenden Stoffe mit der Heilflüssigkeit, eine wenn auch kurz dauernde Immunität erzielen
lasse. Wir hielten es aber auch deshalb für angezeigt, derartige
Versuche auszuführen, weil das Resultat derselben auch über
das Wesen der Immunität und des Heilvorganges Licht verbreiten
musste.

1. Versuch. Am 6. Februar erhält eine Maus Nr. 1 eine
subcutane Injection von 2 ccm Gewebssaft des immunisirten
Kaninchens Nr. 1, welcher einige Tage vorher während 24 Stunden
im Eisschrank, in welchem eine Temperatur von mehr als
— 8° C. herrschte, in seiner ganzen Masse festgefroren war.

Am 11. Februar, also 5 Tage später, werden dieser Maus
0,5 ccm virulenter Bouilloncultur von Rothlaufbacillen subcutan
injicirt.

Eine Controlmaus Nr. 2, welche die gleiche Menge derselben
Cultur erhalten hatte, starb in der Nacht vom 8. auf 9. Februar
an Rothlauf.

Die mit Rothlaufbacillen inficirte und 5 Tage früher mit 2 ccm Heilflüssigkeit schutzgeimpfte Maus Nr. 1 blieb ganz gesund und ist heute noch am Leben.

2. Versuch. Ebenfalls am 6. Februar wurde einer Maus Nr. 3 eine subcutane Injection von 2 ccm Gewebssaft der immunisirten Kaninchen 4 und 5 (s. S. 296) gemacht, worauf keinerlei Reaction erfolgte. Am 15. Februar, also 8 Tage nach der Schutzimpfung werden dieser Maus 0,1 ccm einer Bouilloncultur von Rothlaufbacillen, welche Tags vorher aus einem an Rothlauf eingegangenen Schwein rein gezüchtet worden war, subcutan injicirt.

Eine Controlmaus Nr. 4 (identisch mit Controlmaus Nr. 8 S. 300) erhält lediglich 0,1 ccm der gleichen Bouilloncultur. Die Controlmaus stirbt am 17. Februar Nachmittags 4 Uhr. In Leber, Milz und Blut finden sich Rothlaufbacillen in enormer Menge.

Die schutzgeimpfte Maus Nr. 3 dagegen zeigte niemals Krankheitserscheinungen und ist noch heute am Leben.

3. Versuch. Am 23. Februar werden einem Kaninchen (Nr. 1) 8 ccm Gewebssaft und Blut der immunisirten Kaninchen 4 und 5 subcutan injicirt, worauf das Thier ausser einer kurzdauernden Erhöhung der Körpertemperatur keinerlei Krankheitserscheinungen zeigte.

Die Körpertemperatur war:

am 23. Februar vormittags vor der Injection . . .	39,2° C.
am 23. Februar abends . .	40,55° C.
» 24. » morgens .	39,7° C.
» 25. » » .	39,3° C.
» 26. » » .	39,3° C.

Dieses Kaninchen Nr. 1 erhielt am 6. März, also 11 Tage nach der Schutzimpfung eine intravenöse Injection (Ohrvene) von 1,5 ccm virulenter Bouilloncultur von Rothlaufbacillen. Gleichzeitig wurden einem Controlkaninchen Nr. 2 ebenfalls 1,5 ccm der gleichen Cultur in die hintere Ohrvene injicirt.

Der Verlauf der Körpertemperatur ist aus folgender Tabelle ersichtlich.

Datum	Kaninchen Nr. 1, mit Heilflüssig-keit behandelt	Control-Kaninchen Nr. 2	Bemerkungen
6. März v. d. Injection	39,4	39,3	
7. » morgens . .	40,0	39,9	
7. » abends . .	42,0	41,2	
8. » morgens . .	41,3	41,5	
9. » » . .	41,3	36,7 [1])	1) Das Controlkaninchen stirbt in der Nacht vom 9. auf 10. März an Rothlauf.
10. » » . .	40,3		
11. » » . .	40,0		
12. » » . .	39,8		
13. » » . .	39,5		

Während das Controlkaninchen Nr. 2 am 3. Tage nach der Infection an schwerem Rothlauf zu Grunde ging, erholte sich das 11 Tage vor der Infection mit Heilflüssigkeit schutzgeimpfte Kaninchen, nach einer mässig schweren Krankheit, vollständig.

Es ist also unzweifelhaft, dass man durch subcutane Injection von Gewebssaft immunisirter Kaninchen für die Krankheit disponirte weisse Mäuse und Kaninchen refractär machen kann. Den so immunisirten Mäusen kann man grosse Mengen von Rothlaufbacillen (0,5 ccm Bouilloncultur) und den immunisirten Kaninchen, sogar die enorme Menge von Bacillen, welche in 1½ ccm Bouilloncultur enthalten sind, intravenös injiciren, ohne dass die Thiere dieser für nicht schutzgeimpfte Mäuse und Kaninchen tödtlichen Dosis erliegen. Die Immunität dauert mindestens 11 Tage, wahrscheinlich aber viel länger. Diese That-sache ist, wie weiter unten gezeigt wird, von grosser praktischer Bedeutung.

Untersuchungen über das Wesen des Heilungsprocesses.

Um Anhaltspunkte zur Ergründung der Ursache des Heilungs-vorganges zu gewinnen, war es vor allem nothwendig, festzustellen,

ob die Heilung dadurch zu Stande kommt, dass die Rothlaufbacillen im Organismus in kurzer Zeit vernichtet werden oder
dadurch, dass das von ihnen erzeugte Gift zerstört, resp. in un-
schädliche Verbindungen übergeführt wird.

Zur Entscheidung dieser Frage wurden folgende Versuche
ausgeführt:

1. Versuch. Am 6. Februar erhält eine weisse Maus eine
subcutane Injection von 2 ccm Gewebssaft der immunisirten Kaninchen Nr. 4 und 5 (s. S. 296) und gleichzeitig von 0,5 ccm einer
virulenten Bouilloncultur von Rothlaufbacillen (beide unter die
Rückenhaut).

Eine Controlmaus, welcher nur 0,5 ccm der gleichen Cultur
unter die Haut gespritzt worden waren, starb in der Nacht vom
8. auf 9. Februar an Rothlauf.

Die mit Heilflüssigkeit behandelte Maus wurde acht Stunden
nach der Infection getödtet. Die sofort vorgenommene Section
ergibt: starke Injection des subcutanen Gewebes an Rücken und
Bauch. Milz nicht vergrössert. Durch mikroskopische Untersuchung konnten an der Injectionsstelle keine Bacillen auf-
gefunden werden. Leucocytenansammlung ist ebenfalls nicht zu
beobachten. Dagegen finden sich in allen Präparaten äusserst
zahlreiche feine Fetttröpfchen. Auch im Blut, in der Milz und
Leber lassen sich keine Rothlaufbacillen nachweisen. Beim
Anfertigen der mikroskopischen Präparate fällt auf, dass die
Organe (Milz, Leber) sehr fettig erscheinen. Die Präparate sind
voll von feinen Fetttröpfchen. Von der Injectionsstelle, Herzblut, Leber, Milz und Niere werden Gelatineplatten hergestellt,
auf welchen, trotz der Aufbewahrung im Thermostaten bei 25⁰ C.,
bei täglicher Untersuchung bis zum 16. Februar (10 Tage),
keine einzige Colonie von Rothlaufbacillen aufzufinden ist.

Dieser Versuch beweist also, dass die Rothlaufbacillen im Organismus der Maus infolge
der Injection von Heilflüssigkeit innerhalb
acht Stunden getödtet oder in ihrer Entwickelungsfähigkeit

so beeinträchtigt werden, dass sie in Gelatine nicht mehr zu wachsen vermögen.

2. Versuch. Am 11. Februar werden einer weissen Maus 0,5 ccm Bouilloncultur von Rothlaufbacillen und kurze Zeit darauf 1,7 ccm Gewebssaft vom immunisirten Kaninchen Nr. 1 unter die Rückenhaut injicirt.

Eine Controlmaus erhält nur 0,4 ccm der gleichen Cultur subcutan. Dieselbe stirbt in der Nacht vom 13. auf 14. Februar (identisch mit Controlmaus Nr. 6 S. 300).

Die mit Heilflüssigkeit behandelte Maus wird sechs Stunden nach der Infection getödtet. In mikroskopischen Präparaten vom subcutanen Bindegewebe der Injectionsstelle finden sich sehr wenige, ganz vereinzelt liegende Schweinrothlaufbacillen. Phagocyten sind nur vereinzelt zu sehen, aber ohne Bacilleneinschlüsse. In Zellen incorporirte Bacillen sind überhaupt in keinem der zahlreichen Präparate sichtbar. Gewebsstücke von der Injectionsstelle, von Leber, Milz und Niere, sowie einige Tropfen Herzblut werden auf Gelatineplatten zertheilt.

Am 17. Februar sind auf einer Platte, auf welcher ein markstückgrosses Gewebsstück der Injectionsstelle zerzupft und vertheilt worden war, etwa 200 Colonien von Rothlaufbacillen gewachsen. Auf einer Gelatineplatte, auf welcher ein bohnengrosses Leberstückchen zerquetscht und vertheilt worden war, finden sich nur ca. 50 Rothlaufbacillen-Colonien. Auf den mit Milz- und Nierenstückchen besäten Gelatineplatten sind keine Colonieen zur Entwickelung gelangt.

Dieser Versuch zeigt, dass der mit Heilflüssigkeit behandelte Organismus der Maus die in denselben eingeführten Rothlaufbacillen nach sechs Stunden noch nicht vollständig vernichtet hat. Die grösste Zahl derselben ist aber zu Grunde gegangen, da sich im Gewebe der Injectionsstelle und in der Leber nur noch wenige und in Milz und Niere überhaupt keine Bacillen mehr befanden. Von grossem Interesse ist die Thatsache, dass in Milz und Niere die Bacillen in kürzerer Zeit vernichtet wurden, als in der Leber.

Dass die Rothlaufbacillen auch in den mit Heilflüssigkeit behandelten Kaninchen innerhalb acht
Stunden vernichtet werden, lässt sich aus der Thatsache entnehmen, dass die Körpertemperatur nach
der subcutanen Injection nicht zu grosser Mengen
von Bacillen (0,5 bis 1 ccm Bouilloncultur) und genügen-
der Mengen von Heilflüssigkeit, welche den höchsten
Grad der Wirksamkeit besitzt, zwar über 40°C. steigt,
aber nach zwölf Stunden die normale Höhe (39,5° C.)
wieder erreicht hat. Die Vernichtung der Rothlaufbacillen erfolgt also im immunisirten Organismus in
der gleichen Zeit wie in dem mit Heilflüssigkeit behandelten Thierkörper, eine Thatsache, die sowohl aus
dem Experiment als aus dem Verhalten der Körpertemperatur
der Thiere sich ergibt.

Es ist hier der Ort, darauf hinzuweisen, dass ebenso, wie
die künstliche Immunität je nach der Art der Schutzimpfung
(subcutane oder intravenöse Schutzimpfung) entweder eine theilweise oder eine complete ist, auch die aus verschiedenen Thieren
gewonnenen Heilflüssigkeiten einen verschiedenen Grad von Wirksamkeit besitzen. Eine im höchsten Grade wirksame
Heilflüssigkeit erhält man nur aus immunisirten
Kaninchen, bei welchen die erste Vaccination durch
intravenöse Injection vollvirulenter Rothlaufbacillen bewerkstelligt wurde.

War die erste Vaccination durch subcutane Injection der
Bacillen ausgeführt, die dadurch verursachte Krankheit also
wenig intensiv, dann erhält man aus solchen Thieren, trotz zahlreicher später folgenden Vaccinationen eine Heilflüssigkeit, welche
nicht den vollen Grad der Wirksamkeit besitzt.

Als Beweis hiefür kann der folgende Versuch angeführt
werden, welcher, um eine Wiederholung zu vermeiden, früher
nicht mitgetheilt wurde.

Am 14. März erhält eine Maus 3½ ccm frisch bereiteter
Heilflüssigkeit subcutan (Gewebssaft und Blut gemischt von den

immunisirten Kaninchen Nr. 6, 7 und 8, bei welchen die erste Schutzimpfung nicht durch intravenöse, sondern subcutane Injection ausgeführt wurde (s. S. 297 und 298).

Eine andere Maus erhält 1 ccm dieser Heilflüssigkeit subcutan. Zur gleichen Zeit werden beide Mäuse durch subcutane Injection von 0,4 ccm virulenter Bouilloncultur von Rothlaufbacillen inficirt und eine Controlmaus (identisch mit Maus Nr. 14 S. 301) erhält lediglich 0,4 ccm der gleichen Cultur subcutan. Die Controlmaus stirbt am Morgen des 17. März an Rothlauf.

Die beiden mit Heilflüssigkeit behandelten Mäuse schienen in den nächsten Tagen nach der Infection und Heilflüssigkeitbehandlung ganz wohl zu sein, erkrankten aber am 22. März und starben beide am 23. März.

Der Grund, weshalb diese Mäuse, wenn auch erst nach neun Tagen, starben, liegt offenbar darin, dass die angewendete Heilflüssigkeit nicht den höchsten Grad der Wirksamkeit besass.

Nachdem durch die obigen Versuche dargethan war, dass die Rothlaufbacillen in dem mit Heilflüssigkeit behandelten Thierkörper, ebenso wie im künstlich immunisirten, innerhalb acht Stunden vernichtet werden, war es nothwendig, zu entscheiden, ob diese Vernichtung auch ausserhalb des Organismus im Gewebssaft immunisirter Kaninchen erfolgt oder ob hiezu die Mitwirkung der Körperzellen erforderlich ist.

Zur Entscheidung dieser Frage wurden folgende Versuche ausgeführt.

1. Versuch. Am 17. Februar werden 0,2 ccm Bouilloncultur von Rothlaufbacillen in ca. 5 ccm Gewebssaft übertragen und nach 20 stündigem Aufenthalt im Thermostaten bei 25° C., Mengen von 0,01 bis 0,5 ccm auf Gelatineplatten ausgegossen.

Am 20. Februar sind auf diesen Platten zahlreiche Rothlaufcolonien zu sehen.

Am 23. Februar werden von einer solchen Platte einige Colonien unter mikroskopischer Controle in Bouillon übertragen und am 24. Februar von einer solchen Bouilloncultur 0,4 ccm einer Maus subcutan injicirt. Diese Maus stirbt in der Nacht vom 26. auf 27. Februar an Rothlauf (Viele Bacillen in Milz, Leber etc.) Die Rothlaufbacillen hatten also durch den 20stün-digen Aufenthalt in Gewebssaft ihre Virulenz nicht verloren.

2. Versuch. Am 27. Februar werden in 4 ccm Blut (vom immunisirten Kaninchen Nr. 1) 0,1 ccm virulenter Bouilloncultur von Rothlaufbacillen übertragen. Am 28. Februar sind mikro-skopisch Rothlaufbacillen nachweisbar. Es werden am 28. Februar zwei Gelatineplatten mit 0,05 und 0,2 ccm des Blutes angefertigt. Am 2. März sind auf den Platten Rothlaufbacillen gewachsen.

3. Versuch. In 10 ccm frischen Gewebssaft der immunisirten Kaninchen Nr. 6, 7 und 8 werden 0,05 ccm Bouilloncultur von Rothlaufbacillen gebracht. Es werden sofort 0,05, 0,1 und 0,5 ccm der Mischung auf Gelatineplatten ausgegossen und die nach vier Tagen entwickelten Colonieen von Rothlaufbacillen gezählt. Es treffen pro 1 ccm Gewebssaft 663163 Colonien.

Auf Gelatineplatten, die 24 Stunden später gegossen wurden, waren 220520 Colonien von Rothlaufbacillen pro 1 ccm Blut-mischung zur Entwicklung gelangt.

Die aus Bouilloncutturen in Gewebssaft oder Blut immunisirter Kaninchen gebrachten Rothlauf-bacillen werden also ausserhalb des Körpers nicht vollständig, sondern nur theilweise vernichtet.

4. Versuch. Eine weisse Maus wird am 5. März mit 1 ccm Bouilloncultur von Rothlaufbacillen durch subcutane Injection inficirt. Dieselbe stirbt am 7. März. Sofort nach dem Tode werden Herzblut, Leber- und Milzstückchen in je 5 bis 10 ccm Gewebssaft von Kaninchen Nr. 4 und 5 gegeben. Nach 24stün-digem Aufenthalt dieser Proben im Thermostaten bei 37° C. werden von jeder derselben 0,05 und 0,3 ccm zu Gelatineplatten verarbeitet.

Auf den am 10., 14. und 18. mikroskopisch untersuchten, mit Milz- und Lebermischung beschickten Platten sind Rothlauf-bacillen gewachsen. Auf denjenigen Platten jedoch, die mit Ge-webssaft hergestellt wurden, in welchen Herzblut gegeben worden war, haben sich keine Colonien entwickelt, obgleich in dem

Herzblut der Maus mikroskopisch viele Bacillen nachweisbar waren. Dieses Resultat kann darin bedingt sein, dass die im Innern der Leber- und Milzstückchen befindlichen Bacillen der Einwirkung des im Gewebssaft vorhandenen antibacteriellen Giftes entzogen waren, was beim Blut, welches sich gleichmässig mit dem Gewebssaft mischte, nicht möglich war.

5. Versuch. Am 18. März nachmittags werden einer Maus 1 ccm Bouilloncultur von Rothlaufbacillen injicirt. Dieselbe stirbt am 21. März vormittags. Es wird der ganze Inhalt des Herzens in 10 ccm Gewebssaft der immunisirten Kaninchen Nr. 6, 7 und 8 übertragen und sofort von 0,02, 0,05, 0,1 und 0,5 ccm dieser Mischung Gelatineplatten hergestellt. Die Mischung wird alsdann 24 Stunden bei 37° C. aufbewahrt und wiederum mit 0,02, 0,05, 0,1 und 0,5 ccm derselben Gelatine-platten gegossen.

Die Zählung der Colonien, welche sich nach einigen Tagen entwickelt hatten, ergab bei den sofort nach dem Zusatz des Herzblutes der Maus hergestellten Platten 448 000 Colonien pro 10 ccm Gewebssaft und bei den 24 Stunden später gegossenen Platten 11 200 Colonien.

Vergleicht man dieses Resultat mit dem von Versuch 3, so ergibt sich, dass bei Zusatz von Bouilloncultur zum Gewebssaft nach 24 Stunden von drei Bacillen einer am Leben geblieben war, während bei Zusatz von bacillenhaltigem Herzblut zum Gewebssaft nach der gleichen Zeit von 39 Bacillen nur einer entwickelungsfähig war.

Es besteht also offenbar ein grosser Unterschied in der deletären Wirkung des Gewebssaftes immunisirter Kaninchen, je nachdem man demselben Rothlaufbacillen aus einer Cultur oder mit dem Herzblut einer an Rothlauf verendeten Maus zusetzt.

Sehr merkwürdig ist die aus den obigen Untersuchungen hervorgehende Thatsache, dass die Rothlaufbacillen, wenn man sie ausserhalb des Körpers mit dem filtrirten Blut oder Organ-saft immunisirter Kaninchen zusammenbringt, nur zum Theil getödtet werden, während dieselben im immunisirten Thierkörper in kurzer Zeit sämmtlich zu Grunde gehen.

Wir stehen hier vor einem noch ganz dunklen Problem, dessen Erforschung neue Untersuchungen nöthig macht.

Die Art dieser Untersuchungen zum Nachweis der Ursache dieser Erscheinung wird sehr verschieden sein, je nach dem theoretischen Standpunkt, den man einnimmt.

Wer die Ursache der Immunität mit der Phagocytentheorie erklärt, der wird die Annahme machen, dass der Gewebssaft des immunisirten Thieres eine specifische Wirkung auf die Phagocyten hat und entweder eine Vermehrung derselben bewirkt oder einen Reiz auf sie ausübt, welcher sie zur Vernichtung der Bacillen geeigneter macht.

Wir, die wir nachgewiesen haben, dass die Phagocyten mit dem Mechanismus und Chemismus der Immunität und des Heilprozesses nichts zu thun haben, mussten nach einer anderen theoretischen Erklärung suchen, um einen Ausgangspunkt für die experimentelle Ergründung des Problems zu finden.

Hiebei gab uns die Thatsache einen Anhaltspunkt, dass im Gewebssaft des immunisirten Thieres, ausserhalb des Körpers, zwar nicht alle Rothlaufbacillen, wohl aber die grösste Zahl derselben vernichtet wird. Diese Thatsache spricht entschieden gegen die ursächliche Bedeutung der Phagocytose in vorliegendem Falle, sie zeigt, dass die Phagocytose zum Mindesten nicht die einzige Ursache der Vernichtung sein kann, da ja noch etwas anderes wirksam ist, was auch ausserhalb des Körpers im zellenfreien Gewebssaft so viele Bacillen tödtet.

Wir stellten deshalb die Frage, wie sich die Rothlaufbacillen im Gewebssaft immunisirter Thiere ausserhalb des Körpers verhalten, wenn man sie aus einem an Rothlauf zu Grunde gegangenen Thierkörper dem Gewebssaft zusetzt. Das Experiment zeigte nun in der That, dass in diesem Falle die Rothlaufbacillen unter gewissen Bedingungen auch ausserhalb des Thierkörpers im Gewebssaft immunisirter Thiere zu Grunde gehen. Dies war wenigstens das Resultat des einen Versuches. Das entgegengesetzte Resultat des anderen Versuches kann sehr wohl darin

begründet sein, dass eine gewisse Zahl von Bacillen in den zahlreich vorhandenen Blutklümpchen eingeschlossen und so der
tödtenden Wirkung des Gewebssaftes entzogen wurde, oder darin,
dass ein Gewebssaft mit unvollständiger Heilwirkung angewendet
wurde, da derselbe von den nicht intravenös, sondern subcutan
vaccinirten Kaninchen Nr. 6, 7 und 8 stammte.

Wenn es nun richtig ist, dass bei den Bacillen, welche keine
endogenen, ächten Sporen bilden, einzelne Stäbchen grössere Wieder-
standskraft gegen äussere Einflüsse besitzen, d. h. sich ähnlich
wie Sporen verhalten, so dass man sie sporoïde Stäbchen nennen
könnte, so haben wir eine hypothetische Erklärung des Problems
gefunden. Wie die Milzbrandbacillen innerhalb des Thierkörpers
keine Sporen bilden, so werden auch bei den Rothlaufbacillen
jene widerstandsfähigen, sporoïden Stäbchen nur ausserhalb des
Thierkörpers entstehen (z. B. in der Bouilloncultur) und wie beim
Milzbrand die in den Körper gelangten Sporen sofort zu Bacillen
auswachsen, ebenso werden sich die sporoïden Rothlaufstäbchen
im Thierkörper alsbald in vegetative, leichter zu tödtende Spaltpilzzellen umwandeln.

Blut und Gewebssaft des immunisirten Thieres, werden die
vegetativen Rothlaufbacillen leicht vernichten, nicht aber die
sporoïden Stäbchen. Innerhalb des Thierkörpers wird also durch
die Injection des Gewebssaftes immunisirter Thiere eine Vernichtung aller Rothlaufbacillen zu Stande kommen, und das Gleiche
wird der Fall sein, wenn man diesem Gewebssaft ausserhalb des
Körpers mit dem Herzblut an Rothlauf verendeter Thiere, in
welchem nur vegetative Spaltpilzzellen vorhanden sind, die Rothlaufbacillen zusetzt.

Damit haben wir eine mögliche Ursache des merkwürdigen
Phänomens gefunden. Durch weitere Untersuchungen muss entschieden werden, ob unsere Erklärung richtig ist.

Eine weitere Thatsache, welche über das Wesen des Heilvorganges einiges Licht verbreitet, ist früher bereits erwähnt
worden, die Thatsache nämlich, dass die subcutane oder intravenöse Injection von Gewebssaft immunisirter Thiere bei gesunden
Mäusen und Kaninchen Immunität gegen Rothlauf erzeugt. Aus

derselben geht hervor, dass der im immunisirten Thierkörper ge-
bildete, antibacterielle Stoff, lange Zeit, selbst in dem, durch
Injection einiger weniger Cubikcentimeter von Heilflüssigkeit
immunisirten Organismus circulirt, ohne zersetzt oder ausgeschieden zu werden.

Resumé.

Es bedarf wohl kaum der Bemerkung, dass wir weit davon
entfernt sind, zu behaupten, dass die Immunität bei allen Infectionskrankheiten die gleiche Ursache habe.

Kitasato und Behring haben gezeigt, dass bei Tetanus
und Diphtherie die Immunität auf der Fähigkeit des Organismus
resp. des Blutes beruht »nicht sowohl die lebenden Bacterien zu
schädigen, als vielmehr die Giftwirkung derselben zu paralysiren«.

Viele Infectionskrankheiten werden sich aber, wie ich aus
einigen zur Orientirung über diese Frage ausgeführten Untersuchungen schliessen darf, ebenso wie der Rothlauf verhalten, d. h.
die Immunität beruht bei denselben darauf, dass die betreffenden
pathogenen Bacterien sofort nach ihrer Einführung in den Organismus der Wirkung entwickelungshemmender und tödtender Stoffe,
welche im immunen Körper entstehen, ausgesetzt sind.

Infolge davon tritt schon nach sehr kurzer Zeit zunächst
eine derartige Verminderung der Entwickelungsfähigkeit ein, dass
die Bacterien z. B. nicht mehr auf Gelatineplatten, wohl aber
noch in Bouillon wachsen, bis sie nach acht Stunden langem
Aufenthalt im immunisirten Thierkörper auch ihre Entwickelungsfähigkeit in Rindfleisch-Bouillon eingebüsst haben.   Ob, wie
Metchnikoff anzunehmen scheint, solche in Rinds-Bouillon
nicht mehr entwickelungsfähige Rothlaufbacillen, noch in Kalbs-
bouillon Vermehrung zeigen, habe ich nicht geprüft, weil dies
für die Frage nach der Ursache der Immunität, um deren Entscheidung es sich allein handelt, ohne Belang ist.   Es ist sicher,
dass Rothlaufbacillen, welche durch die Wirkung der Bacteriengifte des immunisirten Organismus in ihrer Entwickelungsfähigkeit so gehemmt sind, dass sie nicht mehr auf Gelatineplatten
wachsen, im Kampf mit den Körperzellen unterlegen sind und

unter der fortgesetzten deletären Wirkung derselben der vollständigen Vernichtung anheimfallen.

Die Thatsache, dass man bisweilen auch nach acht- und mehrstündigem Aufenthalt der Rothlaufbacillen im immunisirten Thiere noch vereinzelte Bacterien lebend findet, beweist nichts gegen die Thatsache, dass im immunisirten Organismus der Untergang der Bacterien durch gelöste Gifte, die ähnlich wie eine Carbolsäure- oder Sublimatlösung wirken, su Stande kommt. Dies kann darin begründet sein, dass vereinzelte Bacillen in kleinen hämorrhagischen Herden eingeschlossen werden oder dass ein grosser Haufe von Bacillen eine der feinsten Capillaren verstopft etc., infolge dessen dieselben der Wirkung des im intercellulären Saftstrom circulierenden Bacteriengiftes entzogen werden. Es ist übrigens bekannt, dass Bacterien, welche einer desinficirenden Lösung ausgesetzt werden, durchaus nicht sämmtlich in der gleichen Zeit vernichtet werden. Wenn man z. B. die Kommabacillen der Cholera asiatica in eine 0,1 % Salzsäure bringt, so erhält man nach 5 Minuten langer Einwirkung, nach Kabrhel, noch sehr zahlreiche Colonieen auf der Gelatineplatte, während nach 15 Minuten langem Aufenthalt der Bacterien in der gleichen Salzsäure trotz Aussaat der gleichen Menge der Mischung nur noch vereinzelte Colonieen auf den Platten zur Entwickelung kommen, und erst nach 1 1/2 stündiger Einwirkung der Säure sind alle Kommabacillen getödtet.

Eine Abschwächung der Virulenz der Rothlaufbacillen kommt im Verlaufe des achtstündigen Vernichtungsprocesses im Thierkörper nicht zu Stande.

. Unverständlich ist, wie Behring [1]) sagt, wir (di Mattei und Emmerich) hätten behauptet, dass im immunisirten Thierkörper eine Abschwächung der Rothlaufbacillen zu Stande komme. Wir haben eine diesbezügliche Bemerkung in unseren Arbeiten niemals gemacht.

Den Ausführungen Behring's über die Ursache der Immunität können wir uns im wesentlichen anschliessen. Die

---

1) Zeitschrift für Hygiene. 1890. Bd. 9. S. 470.

Abhandlungen von Behring und Kitasato über Heilung der Diphtherie und des Tetanus sind erst erschienen, als unsere Untersuchungen schon in Ausführung begriffen waren, und die Arbeiten von Ogata und Jasuhara »über die Einflüsse einiger Thierblutarten auf einige pathogene Bacterien« sind uns erst nach dem Abschluss unserer Versuche zugegangen.

Was die Heilwirkung des Gewebssaftes immunisirter Thiere anlangt, so ist das Resultat der oben aufgeführten Versuche ein sehr bestimmtes. Aus demselben geht hervor, dass man im Stande ist, bei weissen Mäusen und Kaninchen jede Rothlauferkrankung ohne Ausnahme mit Sicherheit zu heilen, vorausgesetzt, dass die Rothlaufbacillen nicht länger als 24 Stunden im Organismus sich verbreitet haben.

Leicht, sicher und mit verhältnismässig kleinen Dosen von Heilflüssigkeit sind die durch subcutane Injection der Rothlaufbacillen verursachten Erkrankungen zu heilen. In der Regel gelingt es, die Krankheit, wie man sagt, zu coupiren, d. h. die Krankheitserscheinungen innerhalb weniger Stunden zu beseitigen und bei gleichzeitiger subcutaner Injection von Rothlaufbacillen (in nicht zu grosser Menge) und von Heilflüssigkeit ist man sogar im Stande, den Ausbruch der Krankheit bei Mäusen und Kaninchen ganz zu verhüten, derart, dass weder irgend welche sichtliche Störungen des Allgemeinbefindens (Lebhaftigkeit der Thiere, Fresslust etc.), noch irgend ein objectives Krankheitssymptom (bedeutendere Temperatursteigerung, Veränderung der Athemfrequenz u. dgl.) auftritt.

Bei intravenöser Injection der Rothlaufbacillen und der Heilflüssigkeit erfolgt dagegen immer eine ausgesprochene, mehr oder weniger heftige Reaction des thierischen Organismus, eine unzweifelhafte, meist aber nur wenige Tage dauernde Erkrankung.

Aber selbst bei Einführung so colossaler Mengen von Rothlaufbacillen, wie solche in 3 ccm subcutan eingespritzter oder in 1½ ccm intravenös injicirter Bouilloncultur enthalten sind und wie sie bei der natürlichen Infection niemals und nicht im Entferntesten in Betracht kommen, ist der Heilerfolg bei wiederholter Anwendung der Heilflüssigkeit sicher.

Die meisten der oben erwähnten Versuchsthiere waren, da die Controlthiere fast ohne Ausnahme in kurzer Zeit zu Grunde gingen, dem sicheren Tod verfallen — aber sie wurden geheilt, ohne dass eines derselben einen dauernden Nachtheil davon getragen hätte.

Diese Resultate, sowie die Thatsache, dass die Heilflüssigkeit volle Wirksamkeit entfaltet, auch wenn sie nicht von Thieren der gleichen Art gewonnen ist (Wirksamkeit des Gewebssaftes immunisirter Kaninchen bei weissen Mäusen), berechtigt zu der Hoffnung, dass es gelingen wird, mit dem Gewebssaft immunisirter Kaninchen auch Schweine zu heilen, welche an Rothlauf erkrankt sind. Wir hoffen bald über diesbezügliche Versuche berichten zu können.

Da man den von immunisirten Kaninchen stammenden Gewebssaft auch zur Schutzimpfung von weissen Mäusen mit bestem Erfolg verwenden kann, so wird derselbe voraussichtlich auch zur Schutzimpfung von Schweinen verwerthbar sein.

Diese Art der Schutzimpfung würde der bisherigen Methode gegenüber, bei welcher abgeschwächte Bacillen verwendet werden, den grossen Vorzug haben, dass sie 1. vollkommen unschädlich für das geimpfte Schwein, und 2. auch ohne Gefahr für andere Thiere ist. Während nämlich thatsächlich durch die Schutzimpfung mit abgeschwächten Culturen eine weite Verbreitung der Bacillen, und da dieselben in ihrem ectogenen Stadium wieder ihre volle Virulenz erlangen können, möglicher Weise die Entstehung von Epizootien verursacht werden kann, ist dies alles bei der Schutzimpfung mit Gewebssaft ausgeschlossen.

Wenn unter den Schweinen eines Landwirths der erste Fall von Rothlauf auftritt, wird derselbe die übrigen sofort mit Gewebssaft immunisirter Kaninchen impfen und so den Ausbruch der Epizootie verhüten können.

Wir haben bereits erwähnt, dass die Heilimpfung selbst ganz unschädlich ist, dass sich die behandelten Thiere vollkommen erholen und namentlich auch die Ernährung keine Störungen

erleidet. Die Thiere werden meist fetter als sie vor der Krankheit
waren.

Mehrere der von uns mit Heilflüssigkeit behandelten weissen
Mäuse und Kaninchen haben kürzere Zeit darnach gesunde und
kräftige Jungen geworfen.

Es wird von grossem Interesse sein, zu untersuchen, ob diese
von den mit Heilflüssigkeit behandelten und dadurch immun
gewordenen Mäusen geborenen Jungen, ebenfalls Immunität gegen
Rothlauf besitzen oder nicht. Hieraus wird ersichtlich sein, ob
die Veränderungen morphologischer und chemischer Natur,
welche durch die Schutzimpfung im Körper verursacht werden,
dauernde und vererbliche sind, oder ob dadurch nur vorüber-
gehende Modificationen der Zellthätigkeit verursacht werden.

Durch die geschilderten Versuche sind wir in das erste
Stadium einer sicheren und rationellen Heilbehandlung der
Infectionskrankheiten eingetreten.

Wir müssen nun nach der Erreichung des Ideales einer
sicheren und rationellen Therapie streben, des Ideales, welches
in dem Nachweis und der Erforschung sowie in der Rein-
darstellung der wirksamen antibacteriellen Stoffe oder chemischen
Verbindungen des heilenden Gewebssaftes besteht.

Wenn es, wie vorauszusehen ist, in nicht zu ferner Zeit
gelingt, diesen chemischen Körper rein darzustellen, dann werden
wir das denkbar wirksamste Heilmittel für Infectionskrankheiten
besitzen.

Die Mittel, welche der vollkommen refractäre Organismus
zur Vernichtung der pathogenen Bacterien anwendet, sind auch
die rationellsten. Es wird aber immer zweckmässiger sein, die
Heilflüssigkeit aus künstlich immunisirten Thieren herzustellen
und nicht aus solchen mit natürlicher Immunität. Denn im
Thierkörper, der natürliche Immunität gegen eine bestimmte
Infectionskrankheit besitzt, gehen die in denselben eingeführten
Krankheitserreger nicht so rasch zu Grunde wie im künstlich
immunisirten. Hier im künstlich immunisirten Körper ist eben
die Immuniät eine complete, d. h. sie kann durch geeignete
Schutzimpfung zu einer vollständigen gemacht werden.

In einem von Natur aus refractären Organismus ist jedoch die Immunität meist nur eine relative und nur selten complet.

Die von uns ausgearbeitete Methode der Heilung des Roth-laufs kann selbstverständlich auch auf andere Infectionskrank-heiten übertragen werden.

Gegenwärtig führt unter meiner Leitung Herr Dr. Fawitzky derartige Heilversuche bei croupöser Pneumonie und Herr Dr. Gabritschewsky bei Milzbrand aus, und ich habe bereits die Behandlung der Tuberkulose nach der neuen Methode in Angriff genommen.

Erklärung der Abbildung.

Die beigefügte Tafel zeigt Rothlaufbacillen, welche bei einem künstlich immunisirten Kaninchen 3 Stunden nach der sub-cutanen Injection von 6 ccm Bouilloncultur aus der Injections-stelle entnommen wurden.

Die Bacillen lagen frei im subcutanen Zellgewebe und sind zum Theil todt, zum Theil im Untergang begriffen. Die einzelnen Stäbchen geben ein Bild von den verschiedenen Stadien des extracellulären Zerfalls der Rothlaufbacillen im immunisirten Thierkörper.

Färbung mit Anilinwasser - Gentianaviolett, Abspülen in Alkohol.

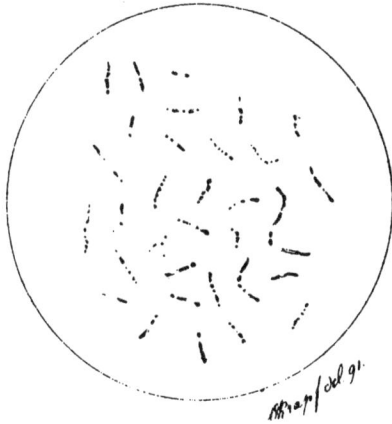

Lith. Anst. v. Dr. C. Wolf & Sohn, München.

www.ingramcontent.com/pod-product-compliance
Lightning Source LLC
Chambersburg PA
CBHW030242230326
41458CB00093B/755